钳工综合实训

主　编　凌人蛟

副主编　陈　晖　范永滨

北京理工大学出版社

BEIJING INSTITUTE OF TECHNOLOGY PRESS

内 容 简 介

本教材是根据高职院校的培养目标，按照高职院校教学改革和课程改革的要求，以企业调研为基础，确定工作任务，明确课程目标，制定课程设计的标准，以能力培养为主线，与企业合作，共同开发和编写的。

教材采用项目、任务式的结构形式，共设 3 个项目，包括钳工基本设备与量具的使用、钳工基本加工技能、钳工综合技能；14 个任务，包括台虎钳的拆装与维护、游标卡尺的测量、正六边形划线、轴承座立体划线、圆棒料锯削、六角螺母锉削、四方体錾削、六角螺母钻孔、六角螺母攻螺纹、螺杆套螺纹、四方块刮削、四方块研磨、四方体锉配和塑料模具装配。

本教材可作为高等院校和高等职业院校相关专业钳工实训学习用书，是国家职业教育倡导使用的工作手册式教材，也可作为相关企业员工的钳工培训教材。

图书在版编目（CIP）数据

钳工综合实训 / 凌人蛟主编 . -- 北京：北京理工大学出版社，2025.3.

ISBN 978-7-5763-5210-8

Ⅰ. TG9

中国国家版本馆 CIP 数据核字第 2025S43S09 号

责任编辑： 多海鹏	**文案编辑：** 多海鹏
责任校对： 周瑞红	**责任印制：** 李志强

出版发行 / 北京理工大学出版社有限责任公司

社　　址 / 北京市丰台区四合庄路 6 号

邮　　编 / 100070

电　　话 /（010）68914026（教材售后服务热线）

　　　　　　（010）63726648（课件资源服务热线）

网　　址 / http://www.bitpress.com.cn

版 印 次 / 2025 年 3 月第 1 版第 1 次印刷

印　　刷 / 涿州市新华印刷有限公司

开　　本 / 787 mm×1092 mm　1/16

印　　张 / 16.5

字　　数 / 304 千字

定　　价 / 85.00 元

编写说明

中国特色高水平高职学校和专业建设计划（简称"双高计划"）是我国教育部、财政部为建设一批引领改革，支撑发展，具有中国特色、世界水平的高等职业学校和骨干专业（群）的重大决策建设工程。哈尔滨职业技术大学（原哈尔滨职业技术学院）作为"双高计划"建设单位，对中国特色高水平高职学校建设项目进行顶层设计，编制了站位高端、理念领先的建设方案和任务书，并扎实地开展人才培养高地、特色专业群、高水平师资队伍与校企合作等项目建设，借鉴国际先进的教育教学理念，开发具有中国特色、遵循国际标准的专业标准与规范，深入推动"三教"改革，组建模块化教学创新团队，落实课程思政建设要求，开展"课堂革命"，出版校企双元开发的活页式、工作手册式等新形态教材。为了适应智能时代先进教学手段应用，哈尔滨职业技术大学加大优质在线资源的建设，丰富教材载体的内容与形式，为开发以工作过程为导向的优质特色教材奠定基础。按照教育部印发的《职业院校教材管理办法》的要求，本系列教材体现了如下编写理念：依据学校双高建设方案中的教材建设规划、国家相关专业教学标准、专业相关职业标准及职业技能等级标准，服务学生成长成才和就业创业，以立德树人为根本任务，融入课程思政，对接相关产业发展需求，将企业应用的新技术、新工艺和新规范融入教材。本系列教材的编写遵循技术技能人才成长规律和学生认知特点，适应相关专业人才培养模式创新和优化课程体系的需要，注重以真实生产项目、典型工作任务、典型生产流程及典型工作案例等为载体开发教材内容体系，理论与实践有机融合，满足"做中学、做中教"的需要。

本系列教材是哈尔滨职业技术大学中国特色高水平高职学校项目建设的重要成果之一，也是哈尔滨职业技术大学教材改革和教法改革成效的集中体现。本系列教材体例新颖，具有以下特色。

第一，创新教材编写机制。按照哈尔滨职业技术大学教材建设统一要求，遴选教学经验丰富、课程改革成效突出的专业教师担任主编，邀请相关企业作为联合建设单位，形成一支学校、行业、企业和教育领域高水平专业人才参与的开发团队，共同参与教材编写。

第二，创新教材总体结构设计。精准对接国家专业教学标准、职业标准、职业技能等级标准，确定教材内容体系，参照行业企业标准，有机融入新技术、新工艺、新规范，构建基于职业岗位工作需要的、体现真实工作任务与流程的教材内容体系。

第三，创新教材编写方式。与课程改革配套，按照"工作过程系统化""项目+任务式""任务驱动式""CDIO 式"四类课程改革需要设计四种教材编写模式，创新活页式、工作手册式等新形态教材编写方式。

第四，创新教材内容载体与形式。依据专业教学标准和人才培养方案要求，在深入企业调研岗位工作任务和职业能力分析的基础上，按照"做中学、做中教"的编写思路，以企业典型工作任务为载体进行教学内容设计，将企业真实工作任务、真实业务流程、真实生产过程纳入教材，并开发了与教学内容配套的教学资源，以满足教师线上线下混合式教学的需要。本系列教材配套资源同时在相关平台上线，可随时下载相应资源，也可满足学生在线自主学习的需要。

第五，创新教材评价体系。从培养学生良好的职业道德、综合职业能力、创新创业能力出发，设计并构建评价体系，注重过程考核和学生、教师、企业、行业、社会参与的多元评价，充分体现"岗课赛证"融通，每本教材根据专业特点设计了综合评价标准。为了确保教材质量，哈尔滨职业技术大学组建了中国特色高水平高职学校项目建设成果系列教材编审委员会。该委员会由职业教育专家组成，同时聘请企业技术专家进行指导。哈尔滨职业技术大学组织了专业与课程专题研究组，对教材编写持续进行培训、指导、回访等跟踪服务，建立常态化质量监控机制，能够为修订完善教材提供稳定支持，确保教材的质量。

本系列教材是在国家骨干高职院校教材开发的基础上，经过几轮修改，融入课程思政内容和课堂革命理念，既具教学积累之深厚，又具教学改革之创新，凝聚了校企合作编写团队的集体智慧。本系列教材充分展示了课程改革成果，力争为更好地推进中国特色高水平高职学校和专业建设及课程改革做出积极贡献！

哈尔滨职业技术大学
中国特色高水平高职学校项目建设成果系列教材编审委员会
2025 年 1 月

前　言

PREFACE

《钳工综合实训》是高职课程知识技能训练体系的配套教材。本教材是根据高职院校的培养目标，按照高职院校教学改革和课程改革的要求，以企业调研为基础，确定工作任务，明确课程目标，制定课程设计的标准，以能力培养为主线，与企业合作，共同开发和编写的。

编制《钳工综合实训》的目的就是培养学生具有钳工岗位的职业能力，即以学生必备的基本知识与技能为主线，按照学生职业能力成长的过程进行培养；以行动任务为导向，以任务驱动为手段，注重理论联系实际。

教材的特色与创新主要表现在以下几个方面。

1. 教材采用项目、任务式的结构形式。该套教材完全打破了传统知识体系章节的结构形式，其中设计的教学模式对接岗位工作模式，开发了利于学生自主学习的能力训练工作单，通过完成真实的工作任务掌握工作流程，实现学习过程与工作过程的一致。

2. 教材全面融入行业技术标准，突出素质教育与职业能力培养。将学生就业岗位的钳工职业资格标准融入教材，突出了职业道德和职业能力培养。在学生自主学习过程中，训练学生对于知识、技能、思政、劳动教育和职业素养方面的综合职业能力，锻炼学生分析问题、解决问题的能力，注重多种教学方法和学习方法的组合使用，融入学生素质教育与能力培养。

3. 采用工作手册式的编写模式，设计引导学生学习、工作过程系统化。整个教材的设计逻辑是以"学生学习为中心"，在学习目标、项目内容、任务目标、任务描述、任务分析、相关知识、自学自测、任务实施等内容中，均是以工作过程系统化为指导原则，融知识点、技能点和思政点于学习过程。

本教材由哈尔滨职业技术大学凌人蛟担任主编，东北林业大学陈晖、中国兵器工业集团航空弹药研究院有限公司范永滨担任副主编，哈尔滨锅炉厂有限责任公司李宜男担任主审。具体编写分工如下：凌人蛟编写项目2任务1-9，陈晖编写项目1、项目3，范永滨编写项目 2 任务 10。

在此特别感谢哈尔滨职业技术大学教材编审委员会领导给予的指导和大力帮助。

由于水平和经验有限，书中难免存在不妥之处，恳请指正。

编　者

目　录

C O N T E N T S

项目 1

钳工基本设备与量具的使用

项目导入

19世纪以后，随着各种机床的发展和普及，虽然使大部分钳工工作逐步实现了机械化和自动化，但在机械制造过程中，钳工仍具有广泛的应用性，其原因是：划线和机械装配等钳工操作，至今仍无适当的机械化设备可以全部代替；某些最精密的样板、模具、量具和配合表面（如导轨面和轴瓦等），仍需依靠手动技能来精密加工；在单件小批生产、修配工作或缺乏设备条件的情况下，采用钳工制造零件仍是一种经济实用的方法。

钳工分为装配钳工（制造钳工）、检修（机修）钳工、划线钳工和模具钳工，不同钳工所使用的加工设备和工量具也有所不同。

学习目标

【知识目标】

（1）能够正确描述钳工基本设备和量具的构造；

（2）能够准确阐述钳工基本设备和量具的原理；

（3）能够完整阐述钳工安全文明操作的注意事项。

【能力目标】

（1）具备根据图纸正确选择并使用钳工基本设备的能力；

（2）具备根据图纸正确选择并使用钳工基本量具的能力；

（3）具备进行安全文明操作的能力。

【素质目标】

（1）培养严格遵守安全文明生产规范的工作作风；

（2）培养团队合作的良好工作氛围；

（3）培养精益求精的工匠精神。

任务 1 台虎钳的拆装与维护

【任务目标】

（1）能够熟练使用钳工加工常用的设备和工具；

（2）能够严格遵守钳工加工实训安全文明生产操作规程；

（3）能够描述台虎钳的构造；

（4）能够阐述台虎钳的工作原理；

（5）具备对台虎钳进行正确拆装的能力；

（6）具备对台虎钳进行正确维护与保养的能力。

【任务描述】

台虎钳是钳工加工中夹持工件的主要工具，如图 1-1-1 所示。

在进入实训场地后，要依据"7S"管理规范对实训场地设备进行检查，对不符合安全文明生产规范的台虎钳进行标示，并对可以维修的台虎钳进行拆装与维护，而对无法维修的台虎钳则需进行更换。

图 1-1-1 台虎钳

【任务解析】

台虎钳的构造如图 1-1-2 所示。

在使用台虎钳时需要注意的事项如下：

1）台虎钳是否安装牢靠。

2）台虎钳的安装位置是否正确。

3）台虎钳钳口是否松动和损坏。

4）台虎钳丝杠和螺母运动是否顺畅。

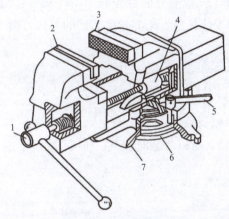

图 1-1-2　台虎钳的构造

1—丝杠；2—活动钳口；3—固定钳口；4—螺母；5—夹紧手柄；6—夹紧盘；7—转盘座

◉【相关知识】

一、"7S"管理规范

1. 整理（SEIRI）

效率和安全始于整理，即把要与不要的人、事、物分开。对于生产现场不需要的杂物、脏物坚决从生产现场清除掉，合理安排空间，防止空间浪费，塑造清爽的工作场所。

2. 整顿（SEITON）

对整理之后现场中必要的物品分门别类放置，排列整齐，使工作场所物品一目了然，以便在操作时节省时间，创造整齐的工作环境。

3. 清扫（SEISO）

将工作场所清扫干净，保持工作场所干净、亮丽，营造敞亮的工作环境。

4. 清洁（SEIKETSU）

将整理、整顿、清扫实施的做法制度化、规范化，维护前面的成果。

5. 素养（SHITSUKE）

提高员工思想水准，增强团队意识，养成按规定行事的良好工作习惯，营造良好的团队工作氛围。

6. 安全（SECURITY）

清除安全隐患，保证工作现场工人的人身安全及产品质量安全，预防意外事故的发生，营造安全生产的工作环境。

7. 节约（SAVE）

在时间、空间、质量、资源等方面合理利用，以发挥它们的最大效能，从而创造一个高效率、物尽其用的工作场所，培养学生节约的工作习惯。

二、钳工操作的安全防护

1. 规范着装

宽松的衣服在操作机械设备时会带来安全隐患。长袖、领带、敞开的衬衣都是非常危险的，容易被机械缠绕，所以着装时衣领、袖口、衣服下摆、裤腿口要扣紧或收紧，如图 1-1-3 所示。

图 1-1-3　规范着装

工作服要是棉质的，因为当加工时产生的切屑飞溅起来后，容易附着在衣服上，而且切屑一般温度很高，棉质衣物能起到很好的保护作用，即使飞溅到衣物上也会立即脱落。所以工作时要穿棉质、合身的工作服，而且最好不要有外露的口袋和丝巾，否则可能会发生卷绕和绞缠的危害，如图 1-1-4 所示。

图 1-1-4　围巾被机械缠绕

2. 保护听力

许多车间的噪声非常大，特别是有大型设备的车间，大型设备运行后产生的噪声会对人的听力造成永久性损伤，如果噪声过大，则要养成戴防护耳塞或耳罩的良好习惯。

3. 保护眼睛

由于在车间工作时，常常会有飞溅的切屑，所以要养成戴防护眼镜的良好习惯，特别是进入到加工的极限安全范围内，更加有必要佩戴防护眼镜。在工厂中常有平面防护眼镜、塑料遮尘镜和防护面罩等，应根据自己的需要选择合适、舒适的防护工具，如图 1-1-5 所示。

图 1-1-5　防护眼镜和警示标志

4. 保护头

安全帽是防止物体冲击伤害头部的防护用具。安全帽是由帽壳、帽衬和下颏带三部分组成的，如图 1-1-6 所示。

（1）帽壳

帽壳是安全帽的主要部件，一般采用椭圆形或半球形薄壳结构。这种结构在冲击压力下会产生一定的压力变形，由于材料的刚性性能吸收和分散受力，加上表面光滑与圆形曲线易使冲击物滑走，故可减少受冲击的时间。

图 1-1-6 安全帽

（2）帽衬

帽衬是帽壳内直接与佩戴者头顶部接触部件的总称，其由帽箍环带、顶带、护带、托带、吸汗带、衬垫及拴绳等组成。帽衬可用棉织带、合成纤维带和塑料衬带等材料制成。帽箍为环状带，在佩戴时紧紧围绕人的头部，带的前额部分衬有吸汗材料，具有一定的吸汗作用。

（3）下颏带

下颏带是指系在下颏上的带子，起固定安全帽的作用，由带和锁紧卡组成。没有后颈箍的帽衬，常采用"Y"字形下颏带。

5. 保护脚

在车间工作要穿劳保鞋（钢制包头防砸），劳保鞋除了须根据作业条件选择适合的类型外，还应合脚，穿起来使人感到舒适，这一点很重要，要仔细挑选合适的劳保鞋号。特别是在工作环境特别复杂的车间工作，地面潮湿，有切屑、切屑液、润滑油等时，劳保鞋要有防滑的设计，不仅要保护人的脚免遭伤害，而且要防止操作人员被滑倒所引起的事故。当有防静电、绝缘等要求时，还要按要求选择电工工作鞋。使用劳保鞋前要认真检查或测试，在电气和酸碱作业中，穿破损和有裂纹的劳保鞋都是有危险的。

6. 不留长发

长发缠绕引起的人身事故每年都有发生，需要引起高度重视，如图 1-1-7 所示。机械加工时产生的气流或静电很容易将长发缠绕在旋转的机械上，所以留有长发的操作人员一定要佩戴帽子，而且头发要全部套进帽子中。

图 1-1-7 长发缠绕在旋转的机械上

7. 不佩戴饰物

饰物（耳环、手表、手链等）容易缠绕或挂到旋转的机器上，同时也容易粘上切屑，一般首饰都会传热和导电，所以在进行机械加工时不要佩戴任何饰物。

三、钳工基本设备

1. 钳工工作台

钳工工作台是钳工操作的专用工作台，也称为钳台或钳桌。钳台由木材或钢材制成，其高度为 800~900 mm，台面厚约为 60 mm。工作台台面上安装有台虎钳和防护网或工量具架，钳台下面一般设有工具柜，用来存放工具，如图 1-1-8 所示。

图 1-1-8 钳工工作台

为了使装上台虎钳后，操作者工作时的高度比较合适，一般多以钳口高度恰好与肘齐平为宜，即肘放在台虎钳最高点半握拳，拳刚好抵下颌，如图 1-1-9 所示。钳桌的长度和宽度则随工作而定。

7

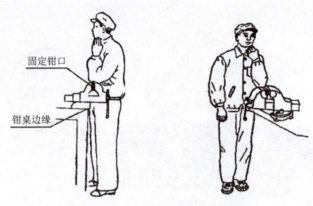

图 1-1-9　钳工工作台安装台虎钳的高度

钳工工作台的安全要求如下：

1）钳工工作台要放在便于工作和光线适宜的地方，对于面对面使用的钳工工作台，中间要装安全防护网。钳工工作台必须安装牢固，不允许被用作铁砧。

2）钳工工作台上使用的照明电压不得超过 36 V。

3）钳工工作台上的杂物要及时清理，工具、量具和刃具要分开放置，以免混放而损坏。

4）摆放工具时，不能让工具伸出钳工工作台边缘，以免其被碰落而砸伤人脚。

2. 台虎钳

台虎钳是夹持工件的主要工具，它有固定式和回转式两种，如图 1-1-10 所示。台虎钳规格用钳口的宽度表示，常用的有 100 mm、125 mm、150 mm 等。当顺时针方向转动手柄时，通过丝杠、螺母带动活动钳身将工件夹紧；当逆时针方向转动手柄时，将工件松开。松开左、右两个锁紧螺钉，台虎钳在底盘上即可转位，以便在不同方向上夹持工件；拧紧左、右两个锁紧螺钉，台虎钳即可固定在底盘上。

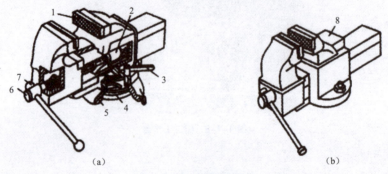

（a）　　　　　　　　　　　　　　　　（b）

图 1-1-10　台虎钳分类

（a）回转式台虎钳；（b）固定式台虎钳

1—钳口；2—螺母；3—锁紧螺钉；4—夹紧盘；5—转盘座；6—丝杠；7—手柄；8—砧座

台虎钳使用的安全要求

1）台虎钳必须牢固地固定在钳工工作台上，两个锁紧螺钉必须扳紧，使钳身工作时没有松动现象，否则容易损坏台虎钳及影响工件的加工质量。

2）台虎钳安装时固定钳身的钳口工作面处于钳台边缘之外，台虎钳安装在钳台上的高度应恰好与人的手肘相齐，如图1-1-9所示。

3）工件尽量夹在钳口中部，以使钳口受力均匀；夹紧后的工件应稳定可靠，便于加工，且不产生变形。

4）在进行强力作业时，应尽量使力量朝向固定钳身，否则将额外增加丝杠和螺母的受力，导致螺纹损坏。

5）夹紧工件时只允许依靠手的力量来转动手柄，不能用锤子敲击手柄或随意套上长管来扳动手柄，以免损坏丝杠、螺母或钳身。

6）不要在活动钳身的光滑表面进行敲击作业，以免降低其配合性能。

7）丝杠、螺母和其他活动表面上都要经常加油并保持清洁，以利于润滑和防止生锈。

3.砂轮机

砂轮机是钳工用来刃磨各种刀具、工具的常用设备，主要用来刃磨錾子、钻头和刮刀等刃具或其他工具，也可用来磨去工件或材料的飞翅、锐边、氧化皮等。砂轮机的种类有台式砂轮机、落地式砂轮机和手提式砂轮机等，如图1-1-11所示。

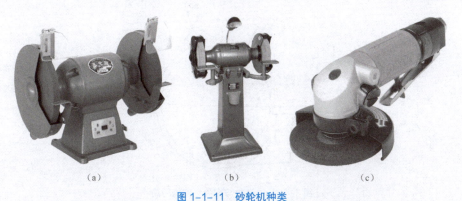

（a）　　　　　　　　　（b）　　　　　　　　　（c）

图1-1-11　砂轮机种类

（a）台式砂轮机；（b）落地式砂轮机；（c）手提式砂轮机

砂轮机主要由砂轮、电动机、机座、搁架和防护罩等组成，如图1-1-12所示。

砂轮的质地硬而脆，工作时转速较高，因此使用砂轮时应遵守安全操作规程，严防发生砂轮碎裂和造成人身事故。

砂轮机使用注意事项

1）砂轮的旋转方向应正确，使磨屑向下方飞离砂轮。

2）砂轮机启动后应等砂轮转速达到正常时再进行磨削。

图 1-1-12　砂轮机结构

1—电动机；　2—砂轮；　3—机座；4—搁架；　5—防护罩

3）砂轮机在使用时不准将磨削件与砂轮猛烈撞击或施加过大的压力，以免砂轮碎裂。

4）当使用时发现砂轮表面跳动现象严重，应及时用修整器进行修整。

5）砂轮机的砂轮与搁架之间的距离一般应 ≤ 3 mm，如图 1-1-13 所示，否则容易引发磨削件被砂轮轧入而导致砂轮破碎的事故。

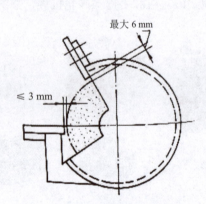

最大 6 mm

≤ 3 mm

图 1-1-13　砂轮与搁架之间的距离

6）操作者尽量不要站立在砂轮的直径方向，而应站在砂轮侧面或斜侧位置，与砂轮平面形成一定的角度，如图 1-1-14 所示。

四、钳工加工实训安全操作守则

1）实训时要按规定穿戴好工作服和防护帽。

2）未经实训指导人员许可不准擅自动用任何设备、电闸、开关和操作手柄，以免发生安全事故。

图1-1-14 操作者站位

3）实训中如有异常现象或发生安全事故，应立即拉下电闸或关闭电源开关，停止实训，保留现场并及时报告指导人员，待查明事故原因后方可再进行实训。

4）不可使用没有手柄或手柄松动的工具（如锉刀和榔头等）。当发现手柄松动时，必须加以紧固。

5）工件必须夹持在台虎钳上。对薄板件或小零件进行加工时，必须对零件进行紧固，不准直接用手拿工件加工。要注意防止装工件的台虎钳滑下来砸伤脚。

6）在切削过程中，工件或刀具上的切屑应用刷子清除。不准直接用手去除切屑或用嘴去吹切屑，不准使用棉纱擦刀具。

7）量具用完要擦干净，然后涂上油，防止生锈。禁止将钢尺当起子使用。量具、刀具和其他工具不准叠放一堆，用完后应收拾好放回钳台的抽屉里。

8）锯割时，工件在快要断裂时必须减轻用力、放慢速度。

9）保持工作场地整洁、有序。

10）钻床操作时应注意以下事项：

①不准戴手套或拿棉纱操作，以免发生人身事故。

②开车和停车都必须在刀具离开工件后进行。

③松开或夹紧钻头时，只能用钻帽上的钥匙，不得用其他物件敲打钻帽上的齿轮；装夹钻头要在钻床静止时进行。

④孔将钻穿时，必须减慢手动进给速度，以免折断刀具。

【任务实施】

一、工具材料领用及准备

工具材料及工作准备见表1-1-1。

表 1-1-1　工具材料及工作准备

1. 工具 / 设备 / 材料				
类别	名称	规格型号	单位	数量
工具	活扳手	200 mm	把	1
	呆扳手	15~19 mm	把	1
	内六方扳手	5~8	把	1
	十字螺丝刀	150 mm	把	1
	一字螺丝刀	150 mm	把	1
	克丝钳子	125 mm	把	1
	套筒扳手	15~25 mm	套	1
	刷子	—	把	2
耗材	黄干油	—	kg	1
	润滑油	20 号	L	1

2. 工作准备
（1）技术资料：教材、台虎钳使用说明书、工作任务卡
（2）工作场地：有良好的照明、通风和消防设施等
（3）工具、设备、材料：按"工具 / 设备 / 材料"栏目准备相关工具、设备和材料
（4）建议分组实施教学。每 2~3 人为一组，每组准备一台台虎钳。通过分组讨论完成台虎钳拆装和维护计划，并实施操作
（5）劳动保护：规范着装，穿戴劳保用品、工作服

二、工艺分析

1. 分析台虎钳的构造及工作原理

台虎钳零件信息表，见表 1-1-2。

表 1-1-2　台虎钳零件信息表

序号	名称	数量
1	紧固螺栓	4
2	丝杠螺母	1
3	螺母	5
4	底座	1
5	固定钳身	1

序号	名称	数量
6	挡圈	1
7	弹簧	1
8	丝杠	1
9	手柄	1
10	活动钳身	1
11	钳口板	2
12	螺钉	4
13	锁紧螺钉	2
14	开口销钉	1

2. 确定台虎钳的拆装顺序

根据台虎钳的构造及工作原理，确定台虎钳的拆装顺序。

1）拆下活动钳身。逆时针转动手柄，一手托住活动钳身并慢慢取出。

2）拆下丝杠。依次拆下开口销钉、挡圈、弹簧，将丝杠从活动钳身中取出。

3）拆下固定钳身。转动手柄松开锁紧螺钉，将固定钳身从转盘座上取出。

4）拆下丝杠螺母。用活扳手松开紧固螺栓，拆下丝杠螺母。

5）拆下两个钳口。用螺丝刀（或内六角扳手）松开钳口紧固螺栓。

6）拆下转盘座和夹紧盘。用活扳手松开紧固转盘座和钳桌的连接螺栓。

7）清理各零部件。用毛刷清理各零部件以及钳桌表面。

8）零部件保养。丝杠、丝杠螺母涂润滑油，其他螺钉涂防锈油。

9）装配。按照与拆卸相反的顺序装配好台虎钳，装配后检查活动钳身转动、丝杠旋转是否灵活。

3. 制订台虎钳拆装与维护的工作计划

在执行计划的过程中填写执行情况表，见表 1-1-3。

表 1-1-3 工作计划执行情况表

序号	操作步骤	工作内容	执行情况记录
1			
2			
3			

续表

序号	操作步骤	工作内容	执行情况记录
4			
5			
6			
7			
8			
9			

4. 检查台虎钳

检查台虎钳使用是否顺畅、灵活，如果出现问题，分析原因并进行整改，直到问题解决。

🔑【实训报告】

一、实训任务书

课程名称	钳工综合实训		项目 1	钳工基本设备与量具的使用
任务 1	台虎钳的拆装与维护		建议学时	4
班级		学生姓名	工作日期	
实训目标	1. 掌握钳工加工常用的设备、工具和材料； 2. 掌握钳工加工实训安全文明生产操作规程； 3. 掌握台虎钳的构造与原理； 4. 具备正确拆装台虎钳的能力； 5. 具备对台虎钳进行正确维护与保养的能力			
实训内容	1. 制定台虎钳拆装与维护工艺过程卡； 2. 编制台虎钳拆装与维护工作过程卡			
安全与文明要求	1. 严格执行"7S"管理规范要求； 2. 严格遵守实训场所（工业中心）管理制度； 3. 严格遵守学生守则； 4. 严格遵守实训纪律要求； 5. 严格遵守钳工操作规程			
提交成果	实训报告、完成的台虎钳			
对学生的要求	1. 具备钳工加工基本设备的基础知识； 2. 具备钳工加工基本工具的使用能力； 3. 具备一定的实践动手能力、自学能力、分析能力，一定的沟通协调能力、语言表达能力和团队意识；			

续表

课程名称	钳工综合实训	项目一	钳工基本设备与量具的使用
对学生的要求	4.执行安全、文明生产规范，严格遵守实训场所的制度和劳动纪律； 5.着装规范（工装），不携带与生产无关的物品进入实训场所； 6.完成台虎钳的拆装与维护及实训报告		
考核评价	评价内容：工作计划评价；实施过程评价；完成质量评价；文明生产评价等。 评价方式：由学生自评（自述、评价，占10%）、小组评价（分组讨论、评价，占20%）、教师评价（根据学生学习态度、工作报告及现场抽查知识或技能进行评价，占70%）构成该同学该任务成绩		

二、实训准备工作

课程名称	钳工综合实训		项目 1	钳工基本设备和量具的使用
任务 1	台虎钳的拆装与维护		建议学时	4
班级		学生姓名	工作日期	
场地准备描述				
设备准备描述				
工、量具准备描述				
知识准备描述				

三、工艺过程卡

产品名称		零件名称		零件图号		共　页		
材料		毛坯类型				第　页		
工序号		工序内容		设备名称				
				工具		夹具		量具

续表

产品名称		零件名称		零件图号		共　页
材料		毛坯类型				第　页
工序号		工序内容		设备名称		
				工具	夹具	量具
抄写		校对		审核		批准

四、考核评价表

考核项目	技术要求	分值	小组自评（10%）	小组互评（20%）	教师评价（70%）	实得分（Σ）
工艺过程（15%）	拆装顺序正确、完整	5				
	维护正确、完整	5				
	工艺过程规范、合理	5				
工具使用（15%）	工具选择是否正确	5				
	工具使用是否规范	5				
	维护是否规范	5				
完成质量（50%）	台虎钳清理是否完全	10				
	台虎钳润滑是否完全	10				
	台虎钳防锈是否完全	10				
	台虎钳装配是否完全	10				
	台虎钳使用是否正常	10				
文明生产（10%）	安全操作	5				
	工作场所整理	5				
相关知识及职业能力（10%）	钳工加工基本设备知识	2				
	自学能力	2				
	沟通表达能力	2				
	合作能力	2				
	创新能力	2				
总分（Σ）		100				

任务 2 游标卡尺的测量

【任务目标】

（1）能够熟练使用钳工加工常用的量具；

（2）能够严格遵守钳工加工常用量具的安全文明生产操作规程；

（3）能够描述游标卡尺的构造；

（4）能够阐述游标卡尺的原理；

（5）能够熟练使用游标卡尺，并快速、准确地进行尺寸测量；

（6）具备对钳工常用量具进行正确使用与维护的能力。

【任务描述】

根据需要测量产品的结构、精度和技术要求，分析产品的各个尺寸应如何测量、选用何种测量工具，以及如何尽可能地减小测量误差。

游标卡尺是一种中等精度的量具，其测量精度为 IT10 ~ IT16，用它可以直接量出工件的直径（内径、外径）、长度、宽度以及内孔深度等，如图 1-2-1 所示。

在进入实训场地后，要依据"7S"管理规范对实训场地量具进行检查，对不符合安全文明生产规范的量具进行标示，并对可以维修的量具进行维护，对无法维修的量具进行更换。

图 1-2-1 游标卡尺

【任务解析】

要完成产品的测量任务，必须了解各种测量工具的结构、工作原理、测量精度、测量范围、使用方法以及注意事项等。熟悉工业生产常用的测量工具，包括游标卡尺、千分尺和百分表等。

游标卡尺的构造如图 1-2-2 所示。

在使用游戏卡尺时需要注意的事项如下：

1）不能把量爪当作划规、划针及螺钉旋具使用。

2）不要放在强磁场附近。

3）不要和工具堆放在一起，不要敲打。

4）游标卡尺要平放。

5）要定时计量，不得自行拆装。

6）用后擦净上油，放入专用盒内。

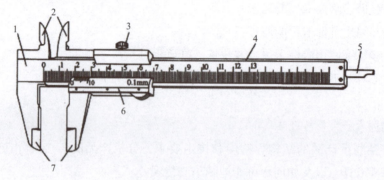

图 1-2-2　游标卡尺的构造

1—尺身；2—内测量爪；3—紧固螺钉；4—主尺；5—深度尺；6—游标尺；7—外测量爪

【相关知识】

一、钳工加工常用量具

1. 钢直尺

钢直尺是一种简单的测量工具及划直线的导向工具，在尺面上刻有尺寸刻线，最小刻线间距为 0.5 mm，其规格（即长度）有 150 mm、300 mm、1 000 mm 等，如图 1-2-3 所示。

图 1-2-3　钢直尺

如果用钢直尺直接测量零件的直径尺寸（轴径或孔径），则测量精度较差。其原因是：钢直尺本身的读数误差比较大；钢直尺无法正好放在零件直径的正确位置。零件的直径尺寸也可以利用钢直尺和内外卡钳配合起来进行测量。

2. 游标卡尺

中国汉代科学技术发达，发明了大量在当时世界领先的先进仪器和器具，如浑天仪、地动仪和水排等，这些圆轴类零件的出现，都昭示着刻线直尺在中国的诞生。在北京国家博物馆中珍藏的新莽铜卡尺，经过专家考证，是全世界发现最早的卡尺，制造于公元 9 年，距今 2 000 多年，如图 1-2-4 所示。与我国相比，国外在卡尺领域的发明晚了 1 000 多年，最早的是英国的卡钳尺，其外形酷似游标卡尺，但是与新莽铜卡尺一样，也仅仅是一把刻线卡尺，精度和使用范围都较低。

游标卡尺是一种比较精密的量具，它可以直接测量出工件的长度、宽度、深度以及圆形工件的内、外径尺寸等，其测量精度有 0.10 mm、0.05 mm、0.02 mm、0.01 mm 几种，其中精度为 0.02 mm 的游标卡尺较为常用。

游标卡尺由主尺和附在主尺上能滑动的游标两部分构成。主尺一般以毫米为单位；游标可分为 10 分度、20 分度、50 分度等，游标为 10 分度的有 9 mm、20 分度的有 19 mm、50 分度的有 49 mm。

图 1-2-4　新莽铜卡尺

游标卡尺的主尺和游标上有两副活动量爪，分别是内测量爪和外测量爪，内测量爪通常用来测量内径，外测量爪通常用来测量长度和外径，如图 1-2-2 所示。

（1）游标卡尺的刻度原理

主尺每小格为 1 mm，副尺刻线总长为 49 mm，并等分为 50 格，因此每格为 49/50=0.98（mm）。主尺与副尺相对一格之差为 0.02 mm，所以其测量精度为 0.02 mm。

（2）游标卡尺读数方法

如图 1-2-5 所示，用游标卡尺测量工件时，读数分三个步骤。

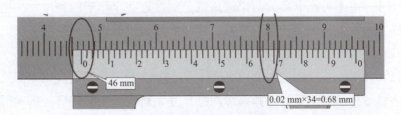

46 mm

0.02 mm×34=0.68 mm

图 1-2-5　游标卡尺读测量值

1）读出副尺上零线左侧主尺的毫米整数 46 mm。

2）读出副尺上哪一条线与主尺刻线对齐，并计算出尺寸（第一条刻线不算，第二条线起每格算 0.02 mm），34 × 0.02 mm=0.68 mm，为不足整毫米部分。

3）把主尺和副尺上的尺寸加起来即为最终测量尺寸，即 46.68 mm。

（3）游标卡尺使用方法及注意事项

量具使用得是否合理，不但会影响量具本身的精度，而且会直接影响零件尺寸的测量精度，使用不当甚至会发生质量事故，造成不必要的损失。所以，必须正确使用量具，要求对测量技术精益求精，以便获得正确的测量结果，确保产品质量。

⊘ 注意事项

1）根据被测零件的特点、尺寸大小和精度要求选用合适的类型、测量范围和分度值。

2）测量前应将游标卡尺擦干净，检查卡尺两个测量面和测量刃口是否平直无损，把两个量爪紧密贴合时，应无明显的间隙，同时游标和尺身的零位刻线要相互对准，这个过程称为校对游标卡尺的零位。大规格的游标卡尺要用标准量棒校准检查。

3）在测量时，被测零件与游标卡尺要对正，测量位置要准确，两量爪与被测零件表面接触应松紧合适。

4）在读数时，要正对游标刻线，看准对齐的刻线，正确读数，不能斜视，以减少读数误差。

5）移动尺框时，活动要自如，不应有过松或过紧现象，更不能有晃动现象。用固定螺钉固定尺框时，卡尺的读数不应有所改变。在移动尺框时，不要忘记松开固定螺钉，也不宜使固定螺钉过松，以免掉落。

6）严禁在毛坯面、运动工件或温度较高的工件上进行测量，以防损伤量具精度及影响测量精度。

7）在测量零件的外尺寸时，卡尺两测量面的连线应垂直于被测量表面，不能歪斜。测量时，可以轻轻摇动卡尺，放正垂直位置，否则，量爪若在错误位置上，将使测量结果比实际尺寸大。先把卡尺的活动量爪张开，使量爪能自由地卡进工件，把零件贴靠在固定量爪上，然后移动尺框，用轻微的压力使活动量爪接触零件。如果卡尺带有微动装置，此时可拧紧微动装置上的固定螺钉，再转动调节螺母，使量爪接触零件并读取尺寸。决不可把卡尺的两个量爪调节到接近甚至小于所测尺寸，把卡尺强制地卡到零件上去，这样做会使量爪变形，或使测量面过早磨损，导致卡尺失去应有的精度。

8）测量沟槽时，应当用量爪的平面测量刃进行测量，尽量避免用端部测量刃和刀口形量爪去测量外尺寸。而对于圆弧形沟槽尺寸，则应当用刃口形量爪进行测量，不应当用平面形测量刃进行测量。

9）测量沟槽宽度时，也要放正游标卡尺的位置，应使卡尺两测量刃的连线垂直于沟槽，不能歪斜，否则，量爪若在歪斜的位置上，也将使测量结果不准确（可能大也可能小）。

10）测量圆孔时，要使量爪分开的距离小于所测内尺寸，进入零件内孔后，再慢慢张开并轻轻接触零件内表面，用固定螺钉固定尺框后，轻轻取出卡尺来读数。取出量爪时，用力要均匀，并使卡尺沿着孔的中心线方向滑出，不可歪斜，以免使量爪扭伤、变形和受到不必要的磨损。歪斜同时会使尺框移动，影响测量精度。

卡尺两测量刃应在孔的直径上，不能偏歪。对于带有刀口形量爪和带有圆柱面形量爪的游标卡尺，在测量内孔时，若量爪在错误位置，则其测量结果将比实际孔径小。

11）测孔的中心距。

用游标卡尺测量两孔的中心距有以下两种方法：

①先用游标卡尺分别测量出两孔的内径 D_1 和 D_2，再测量出两孔内表面之间的最大距离 A，则两孔的中心距为

$$L=A-\frac{1}{2}\left(D_1+D_2\right)$$

②先分别测量出两孔的内径 D_1 和 D_2，然后用刀口形量爪测量出两孔内表面之间的最小距离 B，则两孔的中心距为

$$L=B+\frac{1}{2}\left(D_1+D_2\right)$$

12）为了获得正确的测量结果，可以多测量几次，即在零件的同一截面上的不同方向进行测量。对于较长零件，则应当在全长的各个部位进行测量，务必获得一个比较正确的测量结果。

（4）其他游标卡尺

1）高度游标卡尺。

高度游标卡尺主要用于测量零件的高度及进行精密划线，如图 1-2-6 所示。它的结构特点是用质量较大的基座代替固定量爪，而动的尺框则通过横臂装有测量高度和划线用的量爪，量爪的测量面上镶有硬质合金，以提高量爪的使用寿命。高度游标卡尺的测量工作应在平台上进行。当量爪的测量面与基座的底平面位于同一平面时，如在同一平台平面上，主尺与游标的零线相互对准，所以在测量高度时，量爪测量面的高度就是被测量零件的高度，它的具体数值与游标卡尺一样可在主尺（整数部分）和游标（小数部分）上读出。在应用高度游标卡尺进行划线时，应先调好划线高度，用紧固螺钉把尺框锁紧，然后在平台上进行调整，最后再进行划线。

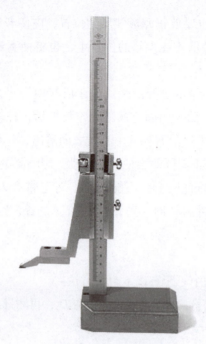

图 1-2-6　高度游标卡尺

⊙ 使用高度游标卡尺注意事项

①测量前应擦净工件测量表面和高度游标卡尺的主尺、游标、测量爪，检查测量爪是否磨损。

②使用前调整量爪的测量面是否与基座底平面位于同一平面，检查主尺、游标零线是否对齐。

③测量工件高度时，应将量爪轻微摆动，在最大部位读取数值。

④读数时，应使视线正对刻线；用力要均匀，测力为 3 ~ 5 N，以保证测量准确。

⑤使用中注意清洁高度游标卡尺测量爪的测量面。

⑥不能用高度游标卡尺测量锻件、铸件表面与运动工件的表面，以免损坏卡尺。

⑦长时间不使用的游标卡尺应擦净上油放入盒中保存。

2）深度游标卡尺。

深度游标卡尺主要用来测量台阶的高度、孔深和槽深，如图 1-2-7 所示。如测量内孔深度时应把基座的端面紧靠在被测孔的端面上，使尺身与被测孔的中心线平行，然后伸入尺身，则尺身端面至基座端面之间的距离就是被测零件的深度尺寸。它的读数方法和游标卡尺完全一样。

测量时应先把测量基座轻轻压在工件的基准面上，两个端面必须接触工件的基准面。当测量轴类等台阶时，测量基座的端面一定要压紧在基准面，再移动尺身，直到尺身的端面接触到工件的量面（台阶面）上，然后用紧固螺钉固定尺框，提起卡尺，读出深度尺寸。多台阶、小直径的内孔深度测量，要注意尺身的端面是否在要测量的台阶上。当基准面是曲线时，测量基座的端面必须放在曲线的最高点上，由此测量出的深度尺寸才是工件的实际尺寸，否则会出现测量误差。

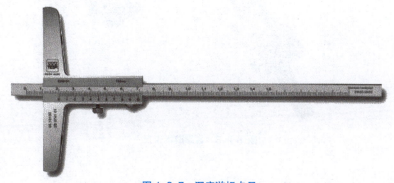

图1-2-7 深度游标卡尺

⊙ 使用深度游标卡尺注意事项

①测量前，应将被测量表面擦干净，以免灰尘、杂质磨损量具。

②卡尺的测量基座和尺身端面应垂直于被测量表面并贴合紧密，不得歪斜，否则会造成测量结果不准。

③应在足够的光线下读数，两眼的视线与卡尺的刻线表面垂直，以减小读数误差。

④在机床上测量零件时，要等零件完全停稳后进行，否则不但会使量具的测量面过早磨损而失去精度，且会造成事故。

⑤测量沟槽深度或当其他基准面为曲线时，测量基座的端面必须放在曲线的最高点上，由此得出的测量结果才是工件的实际尺寸，否则会出现测量误差。

⑥用深度游标卡尺测量零件时，不允许过分地施加压力，所用压力应使测量基座刚好接触零件基准表面，尺身刚好接触测量平面。如果测量压力过大，不但会使尺身弯曲或基座磨损，还会使测量的尺寸不准确。

⑦为减小测量误差，应适当增加测量次数，并取其平均值，即在零件的同一基准面上的不同方向进行测量。

⑧测量温度要适宜，刚加工完的工件由于温度较高不能马上进测量，须等工件冷却至室温后再测量，否则测量误差太大。

3）齿厚游标卡尺。

齿厚游标卡尺主要用来测量齿轮（或蜗杆）的弦齿厚或弦齿高，如图1-2-8所示。

齿厚游标卡尺是比较精密的量具，使用是否合理，不但会影响齿厚游标卡尺本身的精度和使用寿命，而且对测量结果的准确性也会有直接影响，故必须正确使用齿厚游标卡尺。

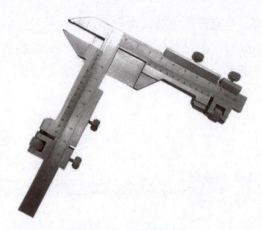

图 1-2-8　齿厚游标卡尺

①使用前，认真学习并熟练掌握齿厚游标卡尺的测量和读数方法。

②弄清楚所用齿厚游标卡尺的量程、精度是否符合被测零件的要求。

③使用前，检查齿厚游标卡尺应完整且无任何损伤，移动尺框时活动要自如，不应有过松或过紧，更不能有晃动现象。

④使用前，用纱布将齿厚游标卡尺擦拭干净，合拢测量爪，检查测量爪是否有漏光、变形等情况；检查尺身和尺框的刻线是否清晰，尺身有无弯曲变形、锈蚀等现象；校验零位，检查各部分作用是否正常。

⑤使用齿厚游标卡尺时，要轻拿轻放，不得碰撞或跌落地下；使用时不要用来测量粗糙、脏污的零件，以免损坏量爪。

⑥移动卡尺的尺框和微动装置时，不要忘记松开紧固螺钉，但也不要松得过量，以免螺钉脱落丢失。

⑦测量时，垂直的量爪应贴紧齿顶，水平卡尺两测量面应贴紧齿廓切向，不得歪斜，否则会造成测量结果不准。

⑧应在足够的光线下读数，两眼的视线与卡尺的刻线表面垂直，以减小读数误差。如果测量位置不方便读数，则可把紧固螺钉拧紧，沿垂直于测量位置的方向轻轻将卡尺取下并读数。

⑨测量时，测量力要适当，不允许过分地施加压力，所用压力应使量爪刚好接触零件表面，否则会使游框摆动，造成测量结果不准。

⑩为减小测量误差，应适当增加测量次数，并取其平均值。

⑪测量温度要适宜，刚加工完的工件由于温度较高，故不能马上测量，须等工件冷却至室温后再测量，否则测量误差太大。

⑫量具在使用过程中，不要和工具、刀具（如锉刀、榔头、车刀和钻头）等堆放在一起，以免碰伤量具。

⑬测量结束要把卡尺平放到规定的位置，比如工具箱或卡尺盒内，不允许把卡尺放到设备（床头、导轨、刀架）上；不要把卡尺放在磁场附近，例如磨床的磁性工作台上，以免使卡尺感磁；不要把卡尺放在高温热源附近。

⑭卡尺使用完毕，要擦净并放到卡尺盒内。长时间不用应在卡尺测量面上涂黄油或凡士林，放置于干燥、阴凉处储存，注意不要锈蚀或弄脏。

3. 游标万能角度尺

游标万能角度尺又称为角度规、游标角度尺和万能量角器，它是利用游标读数原理来直接测量工件角度或进行划线的一种角度量具。

游标万能角度尺适用于机械加工中的内、外角度测量，可测 0°～320° 的外角及 40°～130° 的内角，其结构如图 1-2-9 所示。游标万能角度尺由刻有角度线的尺身、固定在扇形板上的游标、直尺、角尺和夹块组成。

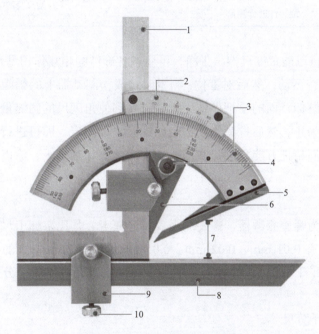

图 1-2-9　游标万能角度尺结构

1—直角尺；2—游标；3—主尺；4—制动器；5—基尺；

6—扇形板；7—测量面；8—直尺；9—连接杆；10—紧固螺丝

万能角度尺的读数机构是根据游标原理制成的。主尺刻线每格为 1°，游标的刻线是取主尺的 29° 等分为 30 格，因此游标刻线角格为 29°/30，即主尺与游标一格的差值为 2′，也就是说万能角度尺读数准确度为 2′。除此之外还有 5′ 和 10′ 两种精度，其读数方法与游标卡尺完全相同。

用万能角度尺进行测量时应先校准零位，万能角度尺的零位是当角尺与直尺均装上，而角尺的底边及基尺与直尺无间隙接触时，主尺与游标的"0"线对准。调整好零位后，通过改变基尺、角尺、直尺的相互位置可测量0°～320°内的任意角，见表1-2-1。

表 1-2-1　游标万能角度尺的测量角度

测量角度范围	工件装夹	示值读数
0°～50°	被测工件放在尺身和直尺的测量面之间	按尺身的第一排标尺示值读数
50°～140°	将角尺取下，装上直尺，利用尺身和直尺的测量面进行测量	按尺身的第二排标尺示值读数
140°～230°	装上直尺及角尺，安装时使角尺的直角顶点与尺身的尖端对齐，被测工件在角尺的短身和尺身之间	按尺身的第三排标尺示值读数
230°～320°	将角尺和直尺全部取下，直接用尺身和扇形板对被测工件进行测量	按尺身的第四排标尺示值读数

使用前，先将万能角度尺擦拭干净，再检查各部件的相互作用是否移动平稳可靠、止动后的读数是否不动，然后对零位；测量时，放松制动器上的螺帽，移动主尺座做粗调整，再转动游标背面的手把做精细调整，直到使角度尺的两测量面与被测工件的工作面密切接触为止，然后拧紧制动器上的螺帽加以固定，即可进行读数。测量完毕后，应用汽油或酒精把万能角度尺洗净，用干净纱布仔细擦干，涂以防锈油，然后装入盒内。

4. 千分尺

千分尺又称为螺旋测微器、螺旋测微仪、分厘卡，是比游标卡尺更精密的测量长度的工具，精度有0.01 mm、0.02 mm、0.05 mm几种，加上估读的1位，可读取到小数点后第3位（千分位），故称千分尺。千分尺主要有机械式千分尺和电子千分尺两类。

（1）机械式千分尺

如标准外径千分尺，简称千分尺，是利用精密螺纹副原理测长度的手携式通用长度测量工具。1848年，法国的J.L.帕尔默取得外径千分尺的专利。1869年，美国的J.R.布朗和L.夏普等将外径千分尺制成商品，用于测量金属线外径和板材厚度。千分尺的类型很多，改变千分尺测量面形状和尺架等就可以制成不同用途的千分尺，如用于测量内径、螺纹中径、齿轮公法线或深度等的千分尺，见表1-2-2。

（2）电子千分尺

电子千分尺，如数显外径千分尺，也叫数显千分尺，测量系统中应用了光栅测长技术和集成电路等。电子千分尺是20世纪70年代中期出现的，用于外径测量。

表 1-2-2　千分尺的分类及应用

名称	应用
内径千分尺	内径千分尺用于测量内孔尺寸
螺纹千分尺	螺纹千分尺用于测量螺纹的中径尺寸，测量时应根据不同的螺距选用相应的测量头
深度千分尺	深度千分尺没有尺架，主要用于测量孔和沟槽的深度及两平面间的距离
公法线千分尺	公法线千分尺用于测量齿轮的公法线长度，两个测砧的测量面应做成两个互相平行的圆平面

外径千分尺结构如图 1-2-10 所示。顺时针转动棘轮带动微分套筒一起转动，带动测微螺杆前伸，当螺杆左端面接触工件时，棘轮就会打滑，并发出"吱吱"声，而测微螺杆停止前伸；如反转棘轮带动微分套筒转动，则测微螺杆回退。

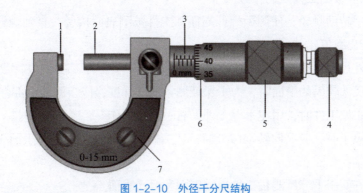

图 1-2-10　外径千分尺结构

1—小砧；2—测微螺杆；3—固定刻度；4—微调旋钮；5—旋钮；6—可动刻度；7—框架

千分尺的刻线原理，测微螺杆右端螺纹的螺距为 0.5 mm，当活动套管转一周时螺杆就移动一个螺距，即为 0.5 mm，而微分筒（活动套筒）圆锥面上面的刻线将其分为 50 格，因此将微分筒转动一格，测微螺杆就移动 0.01 mm。

（3）千分尺的读数方法（见图 1-2-11）

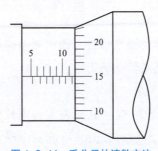

图 1-2-11　千分尺的读数方法

1）在固定套管上读出与微分筒相邻近的刻度线数值（毫米数和半毫米数）11.5 mm。

2）用微分筒上与固定套管的基准线对齐的刻线格数，乘以千分尺的测量精度（0.01 mm），读出不足 0.5 mm 的数，15×0.01=0.15（mm）。

3）将前两项读数相加即为测得的实际尺寸，即被测尺寸 =11.5+0.15=11.65（mm）。

（4）千分尺的零线检查方法

1）0 ~ 25 mm 的千分尺，应先擦净砧座和测微螺杆端面，转动棘轮，使砧端面和测微螺杆端面贴平，当棘轮发出响声后，停止转动棘轮，观察微分筒上的零线和固定套管上的基准线是否对正，进而决定尺子零线是否正确。

2）25 mm 以上规格用标准量柱进行检测。

（5）千分尺的使用方法

1）测量时，擦净工件被测表面和尺子的两测量面，左手握尺架，右手转动微分筒，使测量杆端面和被测工件表面接近。

2）用右手转动棘轮，使测微螺杆端面和工件被测表面接触，直到棘轮打滑并发出响声为止，读出数值。

3）测量外径时测微螺杆轴线应通过工件。

4）测量尺寸较大的平面时，为了保证测量的准确度，应多测几个部件。

5）测量小型工件时，用左手握工件，右手单独操作。

6）退出尺子时，应反向转动微分筒，使测微螺杆端面离开被测表面后，再将尺子退出。

7）不允许使用千分尺测量工件粗糙表面和运动表面。

⊙ 注意事项

1）根据工件公差等级不同，选用合理的千分尺。

2）千分尺的测量面应保持干净，使用前应校对零位。

3）测量时，应转动微分筒，当测量面接近工件时改用棘轮，直到发出"咔、咔"声为止。

4）读数时要防止在固定套管上多读或少读 0.5 mm。

5）测量时千分尺要放正，并注意温度影响。

6）不能用千分尺测量毛坯或转动的工件。

7）为防止尺寸变动，可转动锁紧装置，锁紧测微螺杆。

8）不能用千分尺测量毛坯或转动的工件。

5. 百分表

百分表是利用精密齿条齿轮机构制成的表式通用长度测量工具。百分表是一种精度较高的比较量具，它只能测出相对数值，不能测出绝对数值。百分表有一个非常重要的应用是用来测量形状和位置误差等，如圆度、圆跳动、平面度、平行度和直线度等。百分表也可用于机床上安装工件时的精密找正。百分表主要由 3 个部件组成：表体部分（表盘、表圈和轴套）、传动系统（测量头、测量杆）、读数设备（指针、表盘），如图 1-2-12 所示。

百分表的结构较简单，传动机构是齿轮系，外廓尺寸小，重量轻，传动机构惰性小，传动比较大，可采用圆周刻度，并且有较大的测量范围，不仅能做比较测量，也能做绝对测量。

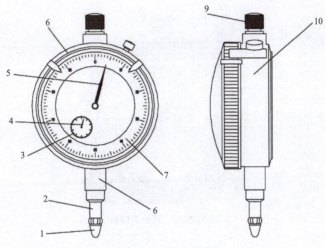

图 1-2-12 百分表结构

1—测量头；2—测量杆；3—转数指式盘；4—转数指针；

5—主指针；6—表圈；7—表盘；8—轴套；9—挡帽；10—表体

百分表的工作原理是将被测尺寸引起的测杆进行微小直线移动，经过齿轮传动放大，变为指针在刻度盘上的转动，从而读出被测尺寸的大小。百分表是利用齿条齿轮或杠杆齿轮传动，将测杆直线位移变为指针角位移的计量器具。

百分表的圆表盘上印制有 100 个等分刻度，即每一分度值相当于量杆移动 0.01 mm。百分表又称为丝表，是在零件加工或机器装配时检验尺寸精度和形状精度的一种量具，其测量精度为 0.01 mm，测量范围有 0 ~ 3 mm、0 ~ 5 mm 和 0 ~ 10 mm 等 3 种规格。若在圆表盘上印制有 1 000 个等分刻度，则每一分度值为 0.001 mm，这种测量工具即称为千分表。改变千分表的测头形状并配以相应的支架，可制成百分表的变形品种，如厚度百分表、深度百分表和内径百分表等。

（1）百分表的调整

1）调整百分表的零位。用手转动表盘，观察大指针能否对准零位。

2）观察百分表指针的灵敏度。用手指轻抵表杆底部，观察表针是否动作灵敏，松开之后能否回到最初的位置。

（2）百分表的读数

1）先读小指针转过的刻度线（即毫米整数），再读大指针转过的刻度线（即小数部分）并乘以 0.01 mm，然后两者相加，即得到所测量的数值。

2）如图 1-2-13 所示，先读小指针转过的刻度线（即毫米整数）1 mm，再加上大指针转过的刻度线（即小数部分）27 格乘以 0.01 mm 即为结果，即 1 mm + 27 × 0.01 mm=1.27 mm。

图 1-2-13　百分表读数

（3）百分表的安装

1）百分表要装夹在磁性表座上使用，如图 1-2-14 所示。表座上的接头即伸缩杆，可以调节百分表的上下、前后和左右位置。

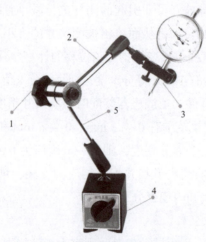

图 1-2-14　百分表磁性表座

1—转轴（灵活，做工精细）；2—横杆；

3—微调装置（可实现不同角度的测量）；4—强力磁性底座（结实耐用）；5—立柱

2）测量平面或圆形工件时，百分表的测量头应与平面垂直或与圆柱形工件中心线垂直，否则百分表测量杆移动不灵活，测量的结果不准确。

3）测量杆的升降范围不宜过大，以减少由于存在间隙而产生的误差。

（4）百分表使用的注意事项

1）百分表在使用前检查。

①检查相互作用。轻轻移动测杆，表针应有较大位移，指针与表盘应无摩擦，测杆、指针应无卡阻或跳动。

②检查测头。测头应为光洁圆弧面。

③检查稳定性。轻轻拨动几次测头，松开后指针均应回到原位；沿测杆安装轴的轴线方向拨动测杆，测杆应无明显晃动，指针位移应不大于 0.5 个分度。

④安装百分表。把百分表装夹在专用表架上，如图 1-2-13 所示，千万不要贪图方便把百分表随便卡在不稳固的地方，这样不仅会造成测量结果不准，而且有可能把百分表摔坏。

2）使用中的安装与调整。

①为了使百分表能够在各种场合下顺利地进行测量，应把百分表装夹在磁性表座或万能表座上使用。表座应放在平板、工作台或某一平整位置上。百分表在表座上的上、下、前、后位置可以任意调节。使用时注意，百分表的测量头应垂直于被检测的工件表面。把百分表装夹套筒夹在表架紧固套内时，夹紧力不要过大，夹紧后测杆应能平稳、灵活地移动，无卡住现象。

②百分表装夹后，在未松开紧固套之前不要转动表体，如需转动表的方向，应松开紧固套。

③测量时，应轻轻提起测量杆，把工件移至测头下面，缓慢下降，测头与工件接触，不准把工件强迫推至测头下，也不得急剧下降测头，以免产生瞬时冲击测力，给测量带来误差。

④测量时，不要使测量杆的行程超过它的测量范围，不要使表头突然撞到工件上，也不要用百分表测量表面粗糙或有显著凹凸不平的工件。

⑤测量平面时，百分表的测量杆要与平面垂直，测量圆柱形工件时，测量杆要与工件的中心线垂直，否则将使测量杆活动不灵或测量结果不准确。

⑥用百分表校正或测量工件时，应当使测量杆有一定的初始测量压力，即在测头与工件表面接触时，测量杆应有 0.3 ～ 1 mm 的压缩量，指针转过半圈左右，然后转动表圈，使表盘的零位刻线对准指针。轻轻地拉动手提测量杆的圆头，拉起和放松几次，检查指针所指零位有无改变。当指针零位稳定后，再开始测量或找正工件。如果是找正工件，则此时开始改变工件的相对位置，读出指针的偏摆值就是工件安装的偏差数值。

⑦为方便读数，在测量前一般都让大指针指到刻度盘的零位。

⊙ 百分表的维护与保养

①远离液体，避免切削液、水或油与百分表接触。

②在不使用时，要摘下百分表，除去表的所有负荷，让测量杆处于自由状态。

③将百分表保存于盒内，避免丢失与混用。

6. 刀口形直尺

刀口形直尺是测量面呈刃口状的直尺，是用于测量工件平面形状误差的测量器具，如图 1-2-15 所示。

图 1-2-15 刀口形直尺

刀口形直尺具有结构简单、质量小、不生锈、操作方便及测量效率高等优点，是机械加工常用的测量工具。刀口形直尺的精度一般都比较高，其规格主要有 75 mm、125 mm、200 mm、300 mm、500 mm 等几种。

（1）刀口形直尺的要求

1）刀口形直尺测量面上不应有影响使用性能的锈蚀、碰伤和崩刃等缺陷。

2）刀口形直尺应选择合金工具钢、轴承钢或其他类似性能的材料制造。

3）刀口形直尺上应安装隔热板或装置。

4）三棱尺和四棱尺上应带有手柄。

5）刀口形直尺测量面的硬度不应小于 713 HV（或 60 HRC），同一测量面的不同部位的硬度差不应大于 82 HV（或 3 HRC）。

6）刀口形直尺测量面上的表面粗糙度 Ra 值不应大于 0.05 μm；刀口形直尺和三棱尺上与测量面相邻接表面的表面粗糙度 Ra 值不应大于 0.8 μm；四棱尺上与测量面相邻接表面的表面粗糙度 Ra 值不应大于 0.2 μm。

7）刀口形直尺应经过稳定性处理和去磁处理。

（2）刀口形直尺的检测方法

平面度可用钢直尺或刀口形直尺的透光法来检验。将尺子测量面沿加工面的纵向、横向和对角方向做多处检查，根据透光强弱是否均匀估计平面度误差，如图 1-2-16 所示。

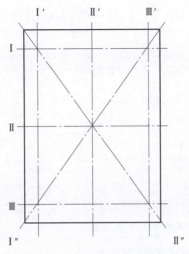

图 1-2-16　刀口形直尺的检测方法

刀口形直尺使用注意事项

1）在测量前，应检查刀口形直尺测量面是否清洁，不得有划痕、碰伤和锈蚀等缺陷。

2）在使用刀口形直尺时，手应握持绝热板，避免温度对测量结果的影响及产生锈蚀。

3）刀口形直尺在使用时不得碰撞，以确保其工作棱边的完整性，否则将影响测量的准确度。

4）在测量时应转动刀口形直尺，使其与被测面的接触位置符合最大光隙为最小的条件，如两侧最大光隙相等或两零光隙间有一最大光隙。

5）当用刀口形直尺检验零件直线度时，要求工件的表面粗糙度值不大于 0.04 μm。若表面粗糙度值过大，则光在间隙中会产生散射，不易看准光隙量。

6）刀口形直尺的测量精度与经验有关，由于受到刀口形直尺尺寸的限制，故它只适于检验磨削或研磨加工的小平面的直线度及短圆柱面、圆锥面的素线直线度。

7）在使用完毕后，需在刀口形直尺工作面上涂防锈油并用防锈纸包好，放回尺盒中。

【任务实施】

一、工具材料领用及准备

工具材料及工作准备见表 1-2-3。

表 1-2-3　工具材料及工作准备

1. 工具 / 设备 / 材料				
类别	名称	规格型号	单位	数量
设备	钳工操作台	—	台	40
工具	游标卡尺	150 mm	把	10
耗材	垫板零件	—	个	10
	抹布	—	块	10

2. 工作准备

（1）技术资料：教材、游标卡尺使用说明书、工作任务卡

（2）工作场地：有良好的照明、通风和消防设施等

（3）工具、设备、材料：按"工具 / 设备 / 材料"栏目准备相关工具、设备和材料

（4）建议分组实施教学。每 4 ~ 6 人为一组，每组准备 1 把游标卡尺。通过分组讨论完成游标卡尺测量计划，并实施操作

（5）劳动保护：规范着装，穿戴劳保用品、工作服

二、工艺分析

1. 分析垫板的构造

如图 1-2-17 所示，根据垫板的构造，分析可以用游标卡尺准确测量的尺寸，如表 1-2-4 所示，并进行具体的实施。

图 1-2-17　垫板

2. 绘制垫板的零件图

根据所测量的尺寸，绘制垫板的零件图，要保证完整、准确地展现垫板的整体形状。

表 1-2-4　垫板尺寸信息表

序号	名称	数量
1	垫板的长度	1
2	垫板的宽度	1
3	垫板的厚度	1
4	垫板的孔直径	2
5	垫板的孔中心距	1
6	垫板孔中心距宽边距离	2
7	垫板孔中心距长边距离	2
8	垫板凸台之间距离	1
9	垫板凸台高度	2
10	垫板凸台宽度	2
11	垫板凸台上边开口宽度	2
12	垫板凸台下边开口宽度	2
13	垫板凸台开口上边距顶边的厚度	2
14	垫板凸台开口的高度	2

【实训报告】

一、实训任务书

课程名称	钳工综合实训		项目1	钳工基本设备和量具的使用
任务2	游标卡尺的测量		建议学时	4
班级		学生姓名	工作日期	
实训目标	1.掌握钳工加工常用的量具； 2.掌握钳工加工常用量具的安全文明生产操作规程； 3.掌握游标卡尺的构造与原理； 4.掌握游标卡尺的测量方法并快速、准确地进行尺寸测量； 5.具备对钳工常用量具进行正确使用与维护的能力			
实训内容	1.制定游标卡尺测量工艺过程卡； 2.绘制零件图			
安全与文明要求	1.严格执行"7S"管理规范要求； 2.严格遵守实训场所（工业中心）管理制度； 3.严格遵守学生守则； 4.严格遵守实训纪律要求； 5.严格遵守钳工操作规程			

续表

课程名称	钳工综合实训		项目1	钳工基本设备与量具的使用
任务2	游标卡尺的测量		建议学时	4
班级		学生姓名	工作日期	
提交成果	实训报告、零件图			
对学生的要求	1. 具备钳工加工常用量具的基础知识； 2. 具备钳工加工常用量具的使用能力； 3. 具备一定的实践动手能力、自学能力、分析能力，一定的沟通协调能力、语言表达能力和团队意识； 4. 执行安全、文明生产规范，严格遵守实训场所的制度和劳动纪律； 5. 着装规范（工装），不携带与生产无关的物品进入实训场所； 6. 完成零件的游标卡尺测量、零件图的绘制及实训报告			
考核评价	评价内容：工作计划评价、实施过程评价、完成质量评价、文明生产评价等。 评价方式：由学生自评（自述、评价，占10%）、小组评价（分组讨论、评价，占20%）、教师评价（根据学生学习态度、工作报告及现场抽查知识或技能进行评价，占70%）构成该同学该任务的成绩			

二、实训准备工作

课程名称	钳工综合实训		项目1	钳工基本设备与量具的使用
任务2	游标卡尺的测量		建议学时	4
班级		学生姓名	工作日期	
场地准备描述				
设备准备描述				
工、量具准备描述				
知识准备描述				

三、工艺过程卡

产品名称		零件名称		零件图号		共 页
材料		毛坯类型				第 页
工序号	工序内容			设备名称		
			工具	夹具	量具	

续表

产品名称		零件名称		零件图号		共 页
材料		毛坯类型				第 页

工序号	工序内容	设备名称		
		工具	夹具	量具

抄写		校对		审核		批准	

四、考核评价表

考核项目	技术要求	分值	小组自评（10%）	小组互评（20%）	教师评价（70%）	实得分（Σ）
工艺过程（10%）	尺寸分析正确、完整	5				
	工艺过程规范、合理	5				
工具使用（10%）	游标卡尺操作正确性	5				
	测量过程是否合理，有无违规	5				
完成质量（56%）	直径尺寸（2处）	4				
	长度尺寸（21处）	42				
	零件图是否完整	10				
文明生产（10%）	安全操作	5				
	工作场所整理	5				

续表

考核项目	技术要求	分值	小组自评（10%）	小组互评（20%）	教师评价（70%）	实得分（Σ）
相关知识及职业能力（14%）	自学能力	2				
	表达沟通能力	2				
	合作能力	2				
	有效数据的保留能力	4				
	数据检定结构的判定能力	4				
总分（Σ）		100				

【项目总结】

本项目主要介绍了钳工加工需要的基本设备和量具，分别介绍了每种设备与量具的基本结构和原理，以及使用的操作要领，并注重每种设备和量具使用的注意事项，以及维护方法。通过本项目任务的操作，完成了安全文明生产、台虎钳的拆装与维护、游标卡尺的测量等钳工加工前的准备工作，为钳工加工后续项目的实施创造了良好的条件。

项目 2

钳工基本加工技能

项目导入

　　钳工是使用手工工具和一些机动工具（如钻床、砂轮机等）对工件进行加工或对部件、整机进行装配的工种，对于采用机械方法不太适宜或无法完成的某些工作，常由钳工来完成。钳工的各项基本操作技能包括划线、錾削（凿削）、锯削、锉削、钻孔、扩孔、铰孔、攻螺纹和套螺纹、矫正和弯曲、铆接、刮削、研磨以及简单的热处理等，进而掌握零部件和产品的装配、机器设备的安装调试和维修等技能。

学习目标

【知识目标】
　　（1）能够描述钳工加工基本加工工具的构造；
　　（2）能够阐述钳工加工基本加工工具的原理；
　　（3）能够完整阐述钳工加工基本加工技能的操作要领；
　　（4）能够完整阐述安全文明生产的基本要求。

【能力目标】
　　（1）具备正确使用加工工具的能力；
　　（2）具备正确进行钳工加工的能力；
　　（3）具备进行安全文明操作的能力。

【素质目标】
　　（1）培养严格遵守安全文明生产规范的工作作风；

（2）培养团队合作的良好工作氛围；

（3）培养精益求精的工匠精神。

任务1　正六边形划线

【任务目标】

（1）能够详细阐述划线的基本原理；

（2）能够描述普通划线工具的基本构造；

（3）具备熟练使用划线工具的能力；

（4）具备正确进行划线操作的能力，划出的线条要准确、清晰。

【任务描述】

六角螺母钳工加工图如图 2-1-1 所示。

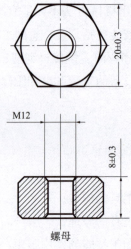

技术要求
全部倒角C1。

图 2-1-1　六角螺母钳工加工图

【任务解析】

加工六角螺母时需要注意的事项如下：

1）根据图纸选择合理的棒料。

2）根据图纸截取合理的圆棒料。

3）检查圆棒料截面是否符合划线要求，如不符合，则对圆棒料截面进行划线前的预加工。

4）在加工后的圆棒料截面进行划线操作。

🔖【相关知识】

一、划线

划线是机械加工中的一道重要工序，广泛用于单件或小批量生产。在铸造企业，对新模具首件进行划线检测，可以及时发现铸件尺寸形状上存在的问题，并采取措施避免产生批量不合格损失。根据图样和技术要求，在毛坯或半成品上用划线工具划出加工界线，或划出作为基准的点、线的操作过程称为划线。

1. 划线分类

划线有平面划线和立体划线两种。只需要在工件一个表面上划线后即能明确表示加工界线的，称为平面划线；需要在工件几个互成不同角度（一般是互相垂直）的表面上划线才能明确表示加工界线的，称为立体划线。

2. 划线要求

对划线的基本要求是线条清晰均匀，定形、定位尺寸准确。划线的线条有一定的宽度，一般要求划线精度达到 0.25 ~ 0.5 mm。应当注意，工件的加工精度（尺寸、形状精度）不能完全由划线确定，而应该在加工过程中通过测量来保证。

◎ 精益工匠精神

精益就是精益求精，是从业者对每件产品、每道工序都凝神聚力、精益求精、追求极致的职业品质。所谓精益求精，是指已经做得很好了，还要求做得更好，"即使做一颗螺丝钉也要做到最好"。正如老子所说，"天下大事，必作于细"。能基业长青的企业，无不是精益求精才获得成功的。

3. 划线的作用

1）确定工件的加工余量，使加工有明显的尺寸界线。

2）为便于在机床上装夹复杂工件，可按划线找正定位。

3）能及时发现和处理不合格的毛坯。

4）当毛坯误差不大时，可以采用借料划线的方法来补救，从而提高毛坯合格率。

4. 划线工具

在划线工作中，为了保证划线的准确和迅速，必须熟悉并掌握各种划线工具以及划线的基本操作。

（1）划线平板

划线平板可制成筋板式和箱体式，工作面有长方形、正方形、圆形，具体可根据钳工实际工作环境和使用要求而定，如图 2-1-2 所示。划线平板是检验机械零件平面、平行度、直线度等形位公差的测量基准，也可用于一般零件及精密零件的划线、铆焊研磨工艺加工及测量等。

图 2-1-2　划线平板

划线平板材质采用高强度铸铁 HT200 或 HT300，工作面硬度为 170 ~ 240 HB，经过两次人工处理（人工退火 600 ~ 700℃和自然时效 2 ~ 3 年）使该产品的精度稳定，耐磨性能好。

⊙ 划线平板维护保养

1）在平台上安放工件时应轻放，防止平台表面被撞击，一旦平板表面受到工件或其他物体撞击，应马上把受到撞击而凸起的部分修复。

2）决不可以在划线平台表面做任何需要锤击的工作。

3）平板用完后，应擦干净。对于较长时间不用的平板，应涂上防锈油，以防锈蚀。

4）应尽量做到划线平台各处均匀使用，避免局部磨凹。

5）要经常保持平板的清洁，以免平台平面被铁屑、砂子等杂质磨坏。

6）为了防止划线平台发生有害的变形，在运输和安装平台时，要将支撑支在主支点处。支撑时，应尽量将平台的工作面调整到水平面内。

7）为了防止平台发生永久变形，检验完毕或划线完毕后，要把工件抬下来，不得长时间放在平台上。

8）用木板制作一个专用罩，不用平台时，用罩子将平台罩住，严禁水滴在平台上。

9）平板要实行周期检定，检定周期要根据使用的具体情况确定，一般为 1 年。

10）在使用铸铁划线平台的过程中要注意不要在潮湿、有腐蚀、过高和过低的温度环境下使用和存放。

（2）划线方箱

划线方箱主要用于零部件平行度、垂直度等的检验和划线。方箱是用铸铁或钢材制成的具有 6 个工作面的空腔正方体，其中一个工作面上有 V 形槽，如图 2-1-3 所示。V 形槽用来安装轴、套筒、圆盘等圆形工件，以便找中心或划中心线。

图 2-1-3　划线方箱

（3）V 形铁

V 形铁，用于轴类检验、校正和划线，还可用于检验工件垂直度、平行度。精密轴类零件的检测、划线、定位及机械加工中的装夹如图 2-1-4 所示。

V 形铁主要用来安放轴、套筒、圆盘等圆形工件，以便找中心线与划出中心线。一般 V 形块都是一副两块，两块的平面与 V 形槽都是在一次安装中磨出的。精密 V 形块相互表面间尺寸的平行度、垂直度误差在 0.01 mm 之内，V 形槽的中心线必须在 V 形架的对称平面内并与底面平行，其同心度、平行度的误差也在 0.01 mm 之内。精密 V 形块也可做划线，带有夹持弓架的 V 形块可以把圆柱形工件牢固地夹持在 V 形块上，翻转到各个位置划线。

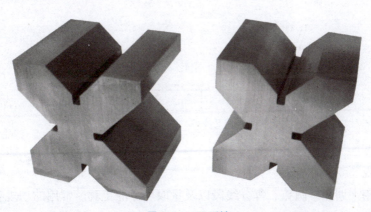

图 2-1-4　V 形铁

（4）划线涂料

为使在工件上所划线条清晰，在划线部位要涂一层薄而均匀的涂料，简称涂色。

划线涂料常用的有以下几种：

1）石灰水。

由稀状石灰水加适量的骨胶和乳胶制成，多用于大中型铸、锻件毛坯的划线，具有良好的附着力。

2）紫金水。

由 2%～5%（体积分数）紫色颜料加 3%～5%（体积分数）的漆片或虫胶，再加 91%～95%（体积分数）的酒精混合制成，多用于已加工表面的划线。

3）硫酸铜溶液。

由 100 g 水中加 1～1.5 g 硫酸铜制成，多用于形状复杂或已加工表面的划线，能很快形成一层铜膜，使划出的线条清晰。

4）特种淡金水。

由乙醇和虫胶制成的液体，多用于精加工表面的划线，干得快。

（5）划针

划针主要是钳工用来在工件表面划线条的，常与钢直尺、90°角尺或划线样板等导向工具一起使用，通常由弹簧钢丝或高速钢制成，直径为 3～6 mm，尖端成 15°～20°，并经淬硬，变得不易磨损和变钝。

☺ 划线注意事项

1）划线前先应用划针和钢直尺定好前、后两点的划线位置，再开始划点的连线。

2）划线时，针尖要靠紧钢直尺的边缘，划针上部向钢直尺外侧倾斜 15°～20°，向划线方向倾斜 45°～75°，如图 2-1-5 所示。

3）划针针尖保持尖锐，划线要一次完成，使划出的线条清晰、准确。

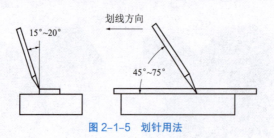

图 2-1-5 划针用法

（6）划规

划规是用来划圆、圆弧、等分线段以及量取尺寸的工具。常用的划规有普通划规、扇形划规和弹簧划规等，如图 2-1-6 所示。

划规的两尖脚应保持尖锐，两尖脚合拢时能靠紧，且两脚的长短要磨得稍有不同。划圆弧时，作为旋转中心的尖脚应加以较大的压力，另一尖脚以较小的压力在工件表面上划出圆或圆弧，如图 2-1-7 所示。

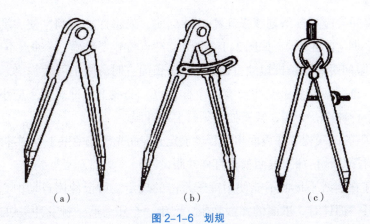

图 2-1-6 划规

（a）普通划规;（b）扇形划规;（c）弹簧划规

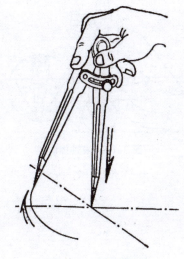

图 2-1-7 划规的用法

（7）样冲

冲头用于在工件所划加工线条上，以一定的距离打一个小孔（小眼）作为标记打样冲眼（冲点），以及作为加强界线标志和作为圆弧或钻孔时的定位中心作用是避免划出的线被擦掉。通常将在划出线上做标志的冲头也叫样冲，如图 2-1-8 所示。

图 2-1-8 样冲

⊚ 操作要领

1）磨样冲时应防止过热退火，其锥角可以是 60°，定心划线也可以是 90° 钻孔定心；打冲眼时冲尖应对准所划线条正中，冲点前，先将样冲外倾，使尖端对准线的正中，然后将样冲立直再冲点，如图2-1-9所示。冲点位置要准确，样冲点不可偏离线条。

2）样冲眼间距视线条长短曲直而定：线条长而直时、间距可大些；线条短而曲时，间距应小些。通常短直线上至少要有三个样冲点，曲线上样冲点距离应小些，圆周上至少要有四个样冲点，交叉、转折处必须打上样冲眼。

3）样冲眼的深浅视工件表面粗糙程度而定，表面光滑或薄壁工件样冲眼打得浅些，粗糙表面打得深些，精加工表面禁止打样冲眼。

为了遵守在划线平板上不能使用锤子敲击的规定，可以使用自动中心冲头，即当按下样冲上某一部件时，里面的弹簧受压，产生一个压力后，触发冲头快速向下运动，压向指定点并产生一定的冲击力。

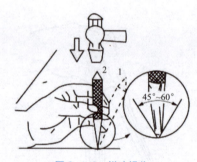

图 2-1-9　样冲操作

1—对准位置；2—冲眼

二、划线基准

1. 基准概述

基准是用来确定生产对象上各几何要素间的尺寸大小和位置关系所依据的一些点、线、面。

在设计图样上采用的基准称为设计基准，在工件划线时所选用的基准称为划线基准。在选用划线基准时，应尽可能使划线基准与设计基准一致，这样可避免相应的尺寸换算，减少加工过程中的基准不重合误差。

在进行平面划线时，通常要选择两个相互垂直的划线基准；在进行立体划线时，通常要确定三个相互垂直的划线基准。

2. 基准选择的原则

划线基准应与设计基准一致，并且在划线时必须先从基准开始，然后再依此基准划其他形面的位置线及形状线，这样才能减少不必要的尺寸换算，使划线方便、准确。基准选择的原则有以下几项：

1）基准统一原则。

2）基准重合原则。

3）基准合理原则。

3. 平面划线基准的选择

在划线时，首先要选择和确定基准线或基准平面，然后再划出其余的线。一般可选择图样上的设计基准或重要孔的中心线作为划线基准，尽量取工件上已加工过的平面作为基准面。常见的平面划线基准如下：

1）以两个相互垂直的平面为基准。两个相互垂直的平面是工件的设计基准，在划线时应以这两个平面作为划线基准，如图 2-1-10 所示。

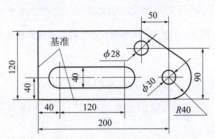

图 2-1-10　两个相互垂直平面为基准

2）以一条中心线和与其垂直的平面为基准。工件以底平面和中心线作为设计基准，在划线时应分别以它们作为划线基准，如图 2-1-11 所示。

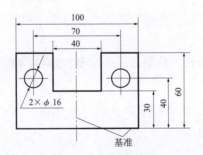

图 2-1-11　以中心线和与其垂直的平面为基准

3）以两条相互垂直的中心线为基准。在划线时以相互垂直的中心线为基准，如图 2-1-12 所示。

4. 划线基准的确定原则

1）根据划线的类型确定基准的数量（基准的数量尽量少）。

2）在划线时，划线基准尽量与设计基准相一致（减少基准不符误差，方便划线尺寸的确定）。

3）在毛坯上划线时，应选已加工表面为划线基准。

4）在确定划线基准时，应考虑工件安置的合理性，当工件的设计基准面不利于工

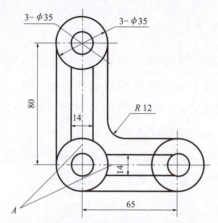

图 2-1-12　以两条相互垂直的中心线为基准

件的放置时，一般选择较大且平直的面作为划线基准。

5）划线基准的确定，在保证划线质量的同时，要考虑划线质量的提高。

5. 图样分析方法和步骤

（1）看标题栏

通过标题栏了解零件的名称、比例、材料等，初步了解零件的用途、性质及大致的大小等。

（2）分析视图

弄清各视图之间的投影配置关系，明确各视图的表达重点。

（3）分析形体

通过对图样各视图的分析，想象出一个完整的零件结构。

（4）分析尺寸

结合对零件视图和零件形体的分析，找出零件长、宽、高的尺寸基准及零件形体的定形、定位尺寸和尺寸偏差。

（5）了解技术要求

根据图内、图外的文字和符号，了解零件的表面粗糙度、几何公差及热处理等方面的要求。

（6）零件加工工艺的分析

根据以上对零件图样的分析，初步确定零件的基本加工工艺。

6. 划线步骤

1）研究图样，确定划线基准，详细了解需要划线的部位，以及这些部位的作用、需求和有关的加工工艺。

2）初步检查毛坯的误差情况，去除不合格毛坯。

3）工件表面涂色。

4）正确安放工件和选用划线工具。

5）划线。

6）详细检查划线的精度及线条有无漏划。

7）在线条上打样冲眼。

【任务实施】

一、工具材料领用及准备

工具材料及工作准备见表2-1-1。

表 2-1-1 工具材料及工作准备

1.工具 / 设备 / 材料				
类别	名称	规格型号	单位	数量
设备	划线平板	—	台	10
	划线方箱	—	台	10
工具	高度游标卡尺	300 mm	把	10
	钢直尺	150 mm	把	10
	划针	—	个	10
	样冲	—	个	10
	钳工锤	—	把	10
	90° 直尺	150 mm	把	10
耗材	划线涂料	—	升	1
	刷子	—	把	10
	棒料	$\phi 25$ mm × 10 mm	个	40
2.工作准备				
（1）技术资料：教材、各种划线工具使用说明书、工作任务卡				
（2）工作场地：有良好的照明、通风和消防设施等				
（3）工具、设备、材料：按"工具 / 设备 / 材料"栏目准备相关工具、设备和材料				
（4）建议分组实施教学。每 4 ~ 6 人为一组，通过分组讨论完成六边形划线工作计划，并实施操作				
（5）劳动保护：规范着装，穿戴劳保用品、工作服				

二、工艺分析

1.分析六角螺母的构造

如图 2-1-13 所示，根据六角螺母的构造，分析在圆截面上划正六边形的方法和步骤。

49

图 2-1-13　六角螺母

2. 确定正六边形划线的方法

根据圆棒料截面划正六边形的情况，确定划线的方法。

1）用钢直尺、90°直尺和划针等来划线。

2）用高度尺、直尺和划针等来划线。

3. 制订台虎钳拆装与维护的工作计划

在采用划线方法 1）执行计划的过程中填写完成情况表，如表 2-1-2 所示。

表 2-1-2　工作计划执行情况表（一）

序号	操作步骤	工作内容	执行情况记录
1	涂色	在符合条件的圆截面上刷涂料	
2	确定圆心	划出两条相交的 $\phi 25$ mm 直径	
3	打样冲	在交点处打样冲	
4	计算	计算圆心到六边形边长的垂直距离和六边形边长	
5	确定交点	确定六边形边长与直径的交点（两个）	
6	做垂线	在直径的交点处作直径的垂线（两条）	
7	连接六边形	连接直径、两条垂线与圆截面的交点	
8	检测	检测正六边形	

在用划线方法 2）执行计划的过程中填写执行情况表，如表 2-1-3 所示。

表 2-1-3　工作计划执行情况表（二）

序号	操作步骤	工作内容	执行情况记录
1	涂色	在符合条件的圆截面上刷涂料	
2	固定圆棒料	固定圆棒料	

续表

序号	操作步骤	工作内容	执行情况记录
3	测量最高点尺寸	用高度游标卡尺测量圆棒料最高点尺寸	
4	划最上方六边形边长	以最高点尺寸下返 2.5 mm，用高度尺划线	
5	划平行于已划边长的中心线	以最高点尺寸下返 12.5 mm，用高度尺划线	
6	划平行于已划边长的另一个边长	以最高点尺寸下返 22.5 mm，用高度尺划线	
7	连接六边形	连接中心线、两条边长与圆截面的交点	
8	定位圆心	在中心线中心打圆心冲眼	
9	检测	检测正六边形	

【实训报告】

一、实训任务书

课程名称	钳工综合实训		项目 2	钳工基本加工技能
任务 1	正六边形划线		建议学时	4
班级		学生姓名	工作日期	
实训目标	1. 掌握划线常用工具的基本知识； 2. 掌握划线常用工具的安全文明生产操作规程； 3. 掌握划线的基本知识； 4. 掌握划线的基本操作技能			
实训内容	1. 制定正六边形划线工艺过程卡； 2. 正确完成正六边形划线			
安全与文明要求	1. 严格执行"7S"管理规范要求； 2. 严格遵守实训场所（工业中心）管理制度； 3. 严格遵守学生守则； 4. 严格遵守实训纪律要求； 5. 严格遵守钳工操作规程			
提交成果	实训报告			
对学生的要求	1. 具备划线及其常用工具的基本知识； 2. 具备划线的基本操作能力； 3. 具备一定的实践动手能力、自学能力、分析能力，一定的沟通协调能力、语言表达能力和团队意识； 4. 执行安全、文明生产规范，严格遵守实训场所的制度和劳动纪律； 5. 着装规范（工装），不携带与生产无关的物品进入实训场所； 6. 完成正六边形的划线和实训报告			
考核评价	评价内容：工作计划评价、实施过程评价、完成质量评价、文明生产评价等。 评价方式：由学生自评（自述、评价，占 10%）、小组评价（分组讨论、评价，占 20%）、教师评价（根据学生学习态度、工作报告及现场抽查知识或技能进行评价，占 70%）构成该同学该任务成绩			

二、实训准备工作

课程名称	钳工综合实训		项目 2	钳工基本加工技能
任务 1	正六边形划线		建议学时	4
班级		学生姓名	工作日期	
场地准备描述				
设备准备描述				
工、量具准备描述				
知识准备描述				

三、工艺过程卡

产品名称		零件名称		零件图号			共　页
材料		毛坯类型					第　页
工序号		工序内容			设备名称		
					工具	夹具	量具
抄写		校对		审核		批准	

四、考核评价表

考核项目	技术要求	分值	小组自评（10%）	小组互评（20%）	教师评价（70%）	实得分（Σ）
工艺过程（10%）	划线内容准确	5				
	划线步骤正确	5				
工具使用（20%）	涂色合理	5				
	使用工具正确，操作姿势正确	15				
完成质量（50%）	线条清晰、准确	15				
	圆心冲眼准确	5				
	正六边形正确	30				
文明生产（10%）	安全操作	5				
	工作场所整理	5				
相关知识及职业能力（10%）	划线基本知识	2				
	自学能力	2				
	表达沟通能力	2				
	合作能力	2				
	创新能力	2				
总分（Σ）		100				

任务 2　轴承座立体划线

【任务目标】

（1）能够准确阐述立体划线的基本原理；

（2）能够描述立体划线工具的基本构造；

（3）具备熟练使用立体划线工具的能力；

（4）具备正确进行立体划线操作的能力，划出的线条要清晰、准确。

【任务描述】

轴承座加工图如图 2-2-1 所示。

【任务解析】

在加工轴承座时需要注意的事项如下：

1）轴承座坯料需要进行划线前预处理。

2）轴承内孔 $\phi50$ mm 需要立体划线。

3）两侧端面的孔 2-$\phi13$ mm 需要立体划线。

4）轴承内孔 $\phi50$ mm 两端面需要立体划线。

5）轴承底面需要立体划线。

6）轴承内孔 $\phi50$ mm 和孔 2-$\phi13$ mm 圆周需要立体划线。

7）要划出全部加工线，需要对工件进行三个位置摆放。

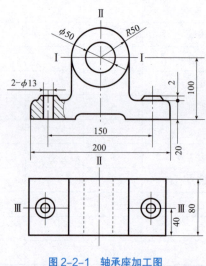

图 2-2-1　轴承座加工图

【相关知识】

一、立体划线

在毛坯或工件上几个互呈不同角度（通常是相互垂直）的表面上划线，才能明确表示加工界限的，称为立体划线。立体划线与平面划线的区别并不在于工件形状的复杂程度如何，有时平面划线比立体划线还复杂。但一般情况下，立体划线要比平面划线复杂。

1. 立体划线常用工具

立体划线除使用平面划线的工具外，还用到其他工具。

（1）划线盘

划线盘主要用于在划线平板上对工件进行划线或找正工件正确的安放位置，如图 2-2-2 所示。划针的直头端用于划线，弯头端用于对工件安放位置进行找正。

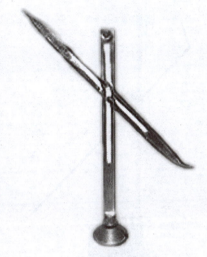

图 2-2-2 划线盘

使用划线盘时应注意：划针应尽量处于水平位置，伸出部分尽量短些，并要牢固地夹紧，以免在划线时产生振动和引起尺寸变动。划线盘底平面始终要与划线平板工作平面贴紧，不能晃动或跳动。在划针与工件划线表面之间，沿划线方向应保持30°～60°的夹角，以减小划线阻力和防止针尖扎入工件表面，如图 2-2-3 所示。当划较长线时，可用分段连接法。

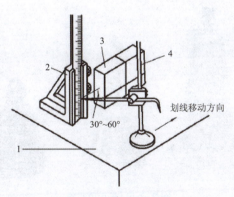

图 2-2-3 划线盘应用

1—平板；2—高度游标卡尺；3—工件；4—划线盘

（2）微调划线盘

微调划线盘的使用方法与普通划线盘相同，不同的是其具有微调装置，拧动微调螺钉可使划针尖端有微量的上下移动。微调划线盘在使用时调整尺寸方便，但刚性较差，如图 2-2-4 所示。

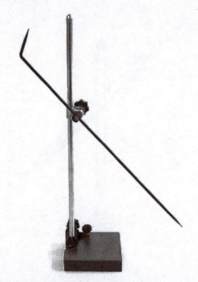

图 2-2-4　微调划线盘

（3）千斤顶

千斤顶通常三个一组使用，螺杆的顶端淬硬，一般用来支撑形状不规则、带有伸出部分的工件或毛坯件，以进行划线和找正工作。根据划线的应用对象不同，可制作不同形式的千斤顶，其实物如图 2-2-5 所示。

图 2-2-5　千斤顶实物

通常千斤顶的构造如图 2-2-6 所示。

（4）G 字夹

G 字夹是用于夹持各种形状的工件、模块等起固定作用的 G 字形的一种五金工具，如图 2-2-7 所示。G 字夹又叫虾弓码、C 字夹、木工夹等。G 字夹采用螺纹旋进式设计，可以自由调节所要夹持的范围，夹持力量大，使用范围广泛，携带方便，由于其主体是铸钢件，故使用寿命长。

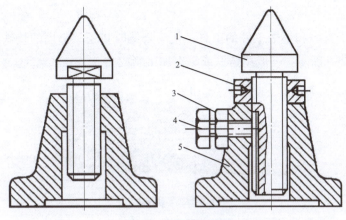

图 2-2-6　千斤顶的构造

1—螺杆；2—调节螺母；3—锁紧螺母；4—六角螺钉；5—底座

图 2-2-7　G 字夹

（5）直角铁

直角铁一般由铸铁制成，经过刨削和刮削，它的两个垂直平面的垂直精度很高，如图 2-2-8 所示。直角铁上的孔或槽是搭压工件时穿螺栓用的，它常与 G 字夹配合使用。在工件上划底面垂直线时，可将工件底面用 G 字夹和压板压紧在直角铁的垂直面上，故划线非常方便。

图 2-2-8　直角铁

（6）垫铁

垫铁是用于支撑和垫平工件的工具，便于划线时找正。常用的垫铁有平垫铁和斜垫铁，如图 2-2-9 所示，一般用铸铁或碳钢加工制成。

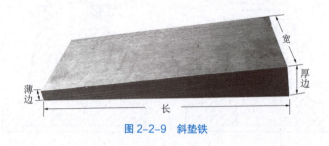

图 2-2-9　斜垫铁

（7）万能分度头

分度头有直接分度头、万能分度头和光学分度头等类型，其中以万能分度头最为常用，其利用分度刻度环和游标、定位销和分度盘以及交换齿轮，将装卡在顶尖间或卡盘上的工件分成任意角度，可将圆周分成任意等份，辅助机床利用各种不同形状的刀具进行各种沟槽、正齿轮、螺旋正齿轮、阿基米德螺线凸轮等的加工工作。万能分度头还备有圆工作台，工件可直接紧固在工作台上，也可利用装在工作台上的夹具紧固，完成工件的多方位加工。万能分度头是一种比较准确的等分角度的工具，是铣床上等分圆周用的附件，钳工在划线中也常用它对工件进行分度和划线。

常用的万能分度头有 FW125、FW200、FW250 等型号，型号中的"F"代表分度头，"W"代表万能型，后面的数字代表主轴中心线到底座的距离（单位为 mm）。

在分度头的主轴上装有三爪卡盘，划线时，把分度头放在划线平板上，将工件用三爪卡盘夹持住，配合使用普通划线盘或量尺便可进行分度和划线。利用分度头可在工件上划出水平线、垂直线、倾斜线和等分线或不等分线。

1）万能分度头结构。

万能分度头的结构如图 2-2-10 所示，分度头的底座内装有回转体，分度头主轴可随回转体在垂直平面内向上 90° 和向下 10° 范围内转动。主轴前端常装有三爪卡盘或顶尖。分度时拔出定位销，转动手柄，通过齿数比为 1∶1 的直齿圆柱齿轮副传动，带动蜗杆转动，又经齿数比为 1∶40 的蜗轮蜗杆副传动，带动主轴旋转分度。当分度头手柄转动一转时，蜗轮只能带动主轴转过 1/40 转。

2）分度方法。

分度的方法有简单分度、差动分度、直接分度和间接分度等多种。简单分度是指分度盘固定不动，通过转动分度头心轴上的分度手柄，由蜗轮蜗杆传动进行。由于蜗轮蜗杆的传动比是 1/40，故若工件在圆周上的等分数 Z 已知，则工件每转过一个等份，分度头主轴转过 1/Z 周。因此，当工件转过每一个等份时，分度手柄应转过的圈数为

$$n = \frac{40}{Z}$$

式中　n——当工件转过每一等份时，分度手柄应转过的圈数；

　　　　Z——工件等分数。

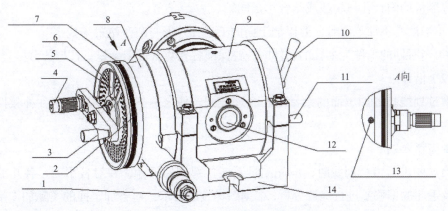

图 2-2-10　万能分度头结构图

1—挂轮输入轴；2—游标杆；3—分度手柄；4—定位销；5—分度拨叉；

6—分度盘；7—刻度环锁紧螺钉；8—端盖；9—本体；10—主轴锁紧手柄；

11—脱落蜗杆手柄；12—主轴；13—分度盘轴套锁紧螺钉；14—支座

2. 找正和借料

 节约的加工理念

《汉书·辛庆忌传》："庆忌居处恭俭，食欲被服尤节约。"《宋书·五行志三》："今宜罢散民役，务从节约，清扫所灾之处，不敢於此有所营造。"茅盾《清明前后》第三幕："她主张节约材料，减低成本，加精技术，改良出品。"节约，就是节省、俭约的意思。如今世界资源的紧张，环境的恶化，将节约提到了一种新的境界——社会节约，就是以多数人甚至所有人的人生幸福为目标，追求社会整体效益，追求可持续发展，既不影响当代人利益，又不影响子孙后代利益，力避各种浪费的社会活动。

找正和借料是划线中常用到的加工手段，主要目的是充分保证工件的划线质量，并在保证质量的前提下，充分利用、合理使用原材料，从而在一定程度上降低成本，提高生产率。

对于种种原因造成的铸、锻毛坯件形状歪斜、孔位置偏心、各部分壁厚不均匀等缺陷，当偏差不大时，可以通过划线时的找正和借料的方法进行补救。

（1）找正

找正即根据加工要求，用划线工具检查或找正工件上有关不加工的面，使之处于合理的位置，以此为依据划线，可使加工面和不加工面之间保持尺寸均匀。

◎ 找正注意事项

1）为保证不加工面与加工面间各点距离相同，应将不加工面校正水平或垂直（指不加工面为水平或垂直位置时）。

2）当有多个不加工面时，应先找正面积最大的面，同时兼顾其他不加工面，以保证壁厚尽量均匀，孔与轮毂或凸台尽量同轴。

3）当没有不加工面时，要以加工面的毛坯孔外形与凸台位置来找正。

4）当所划的工件为多孔的箱体时，要保证各孔均有加工余量，且与凸台尽量同轴。

（2）借料

通过划线把各加工面的余量重新合理分配，使之达到加工要求，这种补救性的划线称为借料。

◎ 借料要领

当需要进行借料划线时，应先测量毛坯各部位的尺寸，并对各平面、各孔的加工余量及毛坯的偏移量进行综合分析；根据图样技术要求，对各加工面的实际加工量进行合理的分配；确定借料的方向与距离，定出划线基准面；以确定的中心线或中心点作基准进行划线。

找正和借料这两项工作在划线时是密切结合进行的。当然，并不是所有的误差与缺陷都可以通过找正和借料进行补救，这点必须注意。

【任务实施】

一、工具材料领用及准备

工具材料及工作准备见表 2-2-1。

表 2-2-1　工具材料及工作准备

1. 工具 / 设备 / 材料				
类别	名称	规格型号	单位	数量
设备	钳工操作台	—	台	10
	划线平板	—	台	10
	划线方箱	—	台	10
	千斤顶	—	个	30
工具	高度游标卡尺	300 mm	把	10
	钢直尺	150 mm	把	10
	直角铁	—	个	10

续表

类别	名称	规格型号	单位	数量
工具	样冲	—	个	10
	钳工锤	—	把	10
	90° 直尺	150 mm	把	10
	划规	—	把	10
	划线盘	—	把	10
	锉刀	—	把	20
耗材	划线涂料	—	升	1
	刷子	—	把	10
	轴承座坯料	HT150	个	10

2. 工作准备

（1）技术资料：教材、各种立体划线工具使用说明书、工作任务卡

（2）工作场地：有良好的照明、通风和消防设施等

（3）工具、设备、材料：按"工具/设备/材料"栏目准备相关工具、设备和材料

（4）建议分组实施教学。每4～6人为一组，通过分组讨论完成轴承座立体划线工作计划，并实施操作

（5）劳动保护：规范着装，穿戴劳保用品、工作服

二、工艺分析

1. 分析轴承座的构造

如图 2-2-1 所示，根据轴承座的构造，完成立体划线。

1）分析如何划出 $\phi 50$ mm 孔和 2-$\phi 13$ mm 孔的位置线。

2）划线前，要对轴承座坯料进行预处理。

3）工件要合理地摆放在平台上，千斤顶支撑要稳固。

4）合理确定找正基准和尺寸基准。

5）正确选择和使用划线工具，线条清晰、尺寸正确、样冲眼分布合理。

2. 确定轴承座的划线步骤

（1）分析划线部位和选择划线基准

根据图样所标注的尺寸要求和加工部位，需要划线的尺寸共有三个方向，所以工件要经过三次安放才能划完所有划线。其划线基准选定为 $\phi 50$ mm 孔的中心平面 Ⅰ—Ⅰ、Ⅱ—Ⅱ及 2-$\phi 13$ mm 孔的中心平面 Ⅲ—Ⅲ。

（2）工件安放

用三只千斤顶支撑轴承座的底面，调整千斤顶的高度，用划线盘找正，使 $\phi 50$ mm

孔的两端中心位置处于同一高度。因 2-ϕ13 mm 孔上表面是不加工面，为保证底面加工厚度尺寸 20 mm 在各处均匀一致，用划线盘弯脚找正，使 2-ϕ13 mm 孔上表面尽量水平。当 ϕ50 mm 的两端中心和 2-ϕ13 mm 孔上表面保持水平位置的要求发生矛盾时，就要兼顾两方面进行安放，直至这两个部位都达到满意的安放效果。

（3）清理工件

去除铸件上的浇口、冒口、飞边及表面粘砂等。

（4）工件涂色

工件涂色，并在毛坯孔中装上木块或铅块。

（5）第一次划线

首先划底面加工线，这一方向的划线工作将涉及主要部分的找正和借料。在试划底面加工线时，如果发现四周加工余量不够，还要把中心适当借高（即重新借料），直至不需要变动时，即可划出基准线Ⅰ—Ⅰ和底面加工线，并且在工件的四周都要划出，以备下次在其他方向划线和在机床上加工时找正用。

（6）第二次划线

划 2-ϕ13 mm 中心线和基准线Ⅱ—Ⅱ。通过千斤顶的调整和划线盘的找正，使 ϕ50 mm 内孔两端的中心处于同一高度，同时用角尺按已划出的底面加工线找正垂直位置，保证工件第二次安放位置正确。此时，即可划基准线Ⅱ—Ⅱ和两个 2-ϕ13 mm 孔的中心线。

（7）第三次划线

划 ϕ50 mm 孔两端面加工线。通过千斤顶的调整和角尺的找正，分别使底面加工线和Ⅱ—Ⅱ基准线处于垂直位置（两直角尺位置处），这样工件的第三次安放位置已确定。以 2-ϕ13 mm 的中心为依据，试划两大端面的加工线，如两端面加工余量相差太大或其中一面加工余量不足，可适当调整 2-ϕ13 mm 中心孔位置，并允许借料。最后即可划Ⅲ—Ⅲ基准线和两端面的加工线。

（8）划圆周尺寸线

用划规划出 ϕ50 mm 和 2-ϕ13 mm 圆周尺寸线。

（9）检查

对照图样检查已划好的全部线条，确认无误和无漏线后，在所划好的全部线条上打样冲眼，该零件划线结束。

3. 制订轴承座的划线的工作计划

在执行计划的过程中填写完成情况表，如表 2-2-2 所示。

表 2-2-2　工作计划执行情况表

序号	操作步骤	工作内容	执行情况记录
1	确定基准	选择划线基准	
2	安放工件	用千斤顶支撑轴承座，保证稳固；用划线盘找正，保证水平	

续表

序号	操作步骤	工作内容	执行情况记录
3	工件预处理	清理工件，保证符合划线条件	
4	工件涂色	涂色，并安装塞块	
5	第一次划线	划 ϕ50 mm 孔水平基准线和底面加工线	
6	第二次划线	划 ϕ50 mm 孔垂直基准线和 2-ϕ13 mm 孔中心线	
7	第三次划线	划 ϕ50 mm 孔两端面加工线	
8	划圆周线	划 ϕ50 mm 孔和 2-ϕ13 mm 孔圆周尺寸线	
9	检查	检查无误后，打样冲眼	

【实训报告】

一、实训任务书

课程名称	钳工综合实训		项目2	钳工基本加工技能
任务2	轴承座立体划线		建议学时	4
班级		学生姓名	工作日期	
实训目标	1. 掌握立体划线常用工具的基本知识； 2. 掌握立体划线常用工具的安全文明生产操作规程； 3. 掌握立体划线的基本知识； 4. 掌握立体划线的基本操作技能			
实训内容	1. 制定轴承座立体划线工艺过程卡； 2. 正确完成轴承座立体划线操作			
安全与文明要求	1. 严格执行"7S"管理规范要求； 2. 严格遵守实训场所（工业中心）管理制度； 3. 严格遵守学生守则； 4. 严格遵守实训纪律要求； 5. 严格遵守钳工操作规程			
提交成果	实训报告			
对学生的要求	1. 具备立体划线及其常用工具的基本知识； 2. 具备立体划线的基本操作能力； 3. 具备一定的实践动手能力、自学能力、分析能力，一定的沟通协调能力、语言表达能力和团队意识； 4. 执行安全、文明生产规范，严格遵守实训场所的制度和劳动纪律； 5. 着装规范（工装），不携带与生产无关的物品进入实训场所； 6. 完成轴承座立体划线和实训报告			
考核评价	评价内容：工作计划评价、实施过程评价、完成质量评价、文明生产评价等。 评价方式：由学生自评（自述、评价，占 10%）、小组评价（分组讨论、评价，占 20%）、教师评价（根据学生学习态度、工作报告及现场抽查知识或技能进行评价，占 70%）构成该同学该任务成绩			

二、实训准备工作

课程名称	钳工综合实训		项目 2	钳工基本加工技能
任务 2	轴承座立体划线		建议学时	4
班级		学生姓名	工作日期	
场地准备描述				
设备准备描述				
工、量具准备描述				
知识准备描述				

三、工艺过程卡

产品名称		零件名称		零件图号		共 页
材料		毛坯类型				第 页
工序号		工序内容		设备名称		
				工具	夹具	量具
抄写		校对		审核		批准

四、考核评价表

考核项目	技术要求	分值	小组自评（10%）	小组互评（20%）	教师评价（70%）	实得分（Σ）
工艺过程（10%）	划线内容准确	5				
	划线步骤正确	5				
工具使用（15%）	涂色合理	5				
	使用工具正确，操作姿势正确	10				
完成质量（55%）	尺寸及线条公差 ±0.4 mm	15				
	安放位置的准确度	5				
	找正准确	5				
	借料合理	5				
	冲眼准确	5				
	线条清晰、准确	20				
文明生产（10%）	安全操作	5				
	工作场所整理	5				
相关知识及职业能力（10%）	立体划线基本知识	2				
	自学能力	2				
	表达沟通能力	2				
	合作能力	2				
	创新能力	2				
总分（Σ）		100				

任务 3　圆棒料锯削

【任务目标】

（1）能够详细阐述锯削的基本原理；

（2）能够描述锯削工具的基本构造；

（3）具备熟练使用锯削工具的能力；

（4）具备正确进行锯削操作的能力。

【任务描述】

在钳工加工所使用的材料中会应用到棒料，根据零件的尺寸，可以选择不同直径的棒料。但一般棒料的长度为 4 m，加工零件时，根据尺寸要求需要对棒料进行下料，截取符合要求的棒料毛坯料，然后再进行钳工加工。锯削棒料是钳工加工中比较常见的手工下料方法，如图 2-3-1 所示。

图 2-3-1　锯削棒料

用锯对材料或工件进行切断或切槽等的加工方法称为锯削。锯削是锯切工具旋转或往复运动，把工件、半成品切断或把板材加工成所需形状的切削加工方法。它可以锯断各种原材料或半成品，也可以锯掉工件上的多余部分，还可以在工件上锯槽，其适用于较小材料或工件的加工。

🔖【任务解析】

（1）根据图纸选择合理的棒料。

（2）选择合理的锯削加工工具种类及锯条。

（3）根据图纸正确进行锯削操作、下料。

（4）检查下料后的坯料。

🔖【相关知识】

一、锯削

用锯把材料或工件分割或切槽的方法称为锯削。锯削是一种粗加工，平面度可以控制在 0.2 ～ 0.5 mm，具有操作方便、简单、灵活的特点，使得其在单件或小批量生产中，常用于分割各种材料及半成品、锯掉工件上多余部分、在工件上锯槽等。由此可见，锯削是钳工需要掌握的基本操作之一。

二、锯削工具

锯削工具种类很多，其中最常用的为手锯。

手锯主要由锯弓（钢锯架）与锯条（手用钢锯条）组成。

中国锯的悠久历史

1980 年，在陕西省北刘遗址中，考古出土一把距今 7 000 年的蚌锯，这把蚌锯证实锯子起源于中国，比古埃及要早 2 000 多年。在中国众多的古代文献中，也证明锯子在先秦时期已经很完善，例如《墨子》中就记载：“门者皆无得挟斧斤、凿、锯、椎。”可见当时的锯子，已经是木工随身携带的工具，使用也相当的广泛。

中国国家博物馆收藏的一件商朝青铜锯，这件青铜锯左右两边都有细密的锯齿，整体呈细长状，每隔一段距离都会出现一个椭圆形窟窿，其造型和现代的锯子已经极为相似。商朝时期，还出现了与近代接近的刀锯，其外观和造型与现在的刀锯非常接近，由此可见当时锯子工艺制作已经相当成熟。

1. 锯弓

锯弓是用来安装和张紧锯条的。钳工常用锯弓根据其构造不同可分为可调节式和固定式两种。固定式锯弓只能安装一种长度规格的锯条，由固定部分、销子、蝶形螺母、活动拉杆、固定拉杆和把手组成，如图 2-3-2 所示；可调节式锯弓通过调整可调部分的位置可以安装几种长度规格的锯条，如图 2-3-3 所示。锯弓灵活性好，其锯柄形状符合手形的自然握法，便于用力，使用最为广泛。

图 2-3-2　固定式锯弓

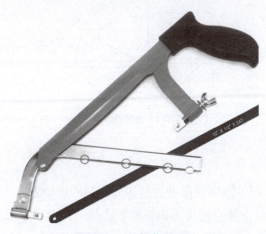

图 2-3-3　可调节式锯弓

2. 锯条

锯条是用来直接锯削材料或工件的刃具。锯条一般用渗碳钢冷轧而成，也可用碳素工具钢或合金钢制成，并经热处理淬硬。

（1）锯条规格和应用

锯条的长度是以两端安装孔的中心距来表示的，其规格有 200 mm、250 mm、300 mm。钳工常用的锯条规格为 300 mm。锯齿的粗细用每 25 mm 长度内的齿数表示，常用的有 14、18、24 和 32 等几种，通常根据材料的硬度和厚度来选用。锯齿的粗细规格及应用见表 2-3-1。粗齿锯条适用于表面较大且较厚的软材料，每次锯削都会产生大量切屑，其容屑槽较大，可防止排屑不畅而产生堵塞的现象。细齿锯条适用于锯削管子或薄而硬的材料，锯削这类材料，每次锯削产生的切屑少，不需要太大的容屑空间。由于细齿锯条锯齿较密，故同时参与锯削的锯齿就会更多，每齿的锯削量小，容易切削，且可防止锯削薄板或管子时锯齿被钩住。

表 2-3-1　锯齿的粗细规格及应用

类别	每 25 mm 长度内的齿数	应用
粗	14 ~ 18（1.8 mm）	锯削软钢、黄铜、铝、铸铁、纯铜、人造塑胶材料
中	19 ~ 23（1.4 mm）	锯削中等硬度钢及厚壁的钢管、铜管
细	24 ~ 32（1.1 mm）	锯削薄片金属、薄壁管子

（2）锯齿的切削角度

锯条单面有齿，相当于一排同样形状的錾子，每个齿都具有切削作用。锯齿的切削角度如图 2-3-4 所示，其前角 $\gamma=0°$，后角 $\alpha=40° \sim 50°$，楔角 $\beta=45° \sim 50°$。

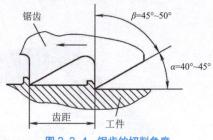

图 2-3-4　锯齿的切削角度

（3）锯条的安装

1）锯条的安装，即手锯向前推进为起切削作用的运动方向，而向后拉动则不起切削作用。在安装锯条时应注意锯齿方向，要使齿尖方向朝前，如图 2-3-5 所示，这时前角为零。如果装反了，则前角为负值，不能进行锯削加工。

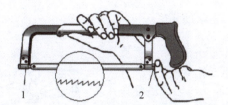

图 2-3-5　锯条的安装方向

1—固定销；2—翼型螺帽

2）锯条安装不能太紧或太松，否则容易折断锯条或使锯缝产生歪斜。

3）装好的锯条应检查是否与锯弓在同一平面内。

（4）锯路

为了减小锯缝两侧面对锯条的摩擦阻力，避免锯条被夹住或折断，锯条在制造时，锯齿按一定的规律左右错开，排列成一定形状，称为锯路。锯路有交叉形和波浪形等，如图 2-3-6 所示，有了锯路，即可使锯缝宽度大于锯条背部的厚度。锯路是判定锯条可否继续使用的一个依据。

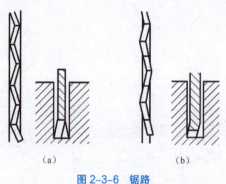

图 2-3-6　锯路

（a）交叉形；（b）波浪形

三、锯削的基本操作

1. 装夹工件

1）工件一般应夹持在台虎钳的左面，以便操作。

2）工件伸出钳口不应过长，防止工件在锯削时产生振动（应保持锯缝距离钳口侧面 20 mm 左右）。

3）锯缝线要与钳口侧面保持平行，以便控制锯缝不偏离划线线条。

4）夹持要牢固，同时要避免使工件夹变形或夹坏已加工表面。

2. 起锯

起锯是锯削运动的开始，起锯质量的好坏直接影响到锯削质量。起锯方法有远起锯和近起锯两种，如图 2-3-7 所示。

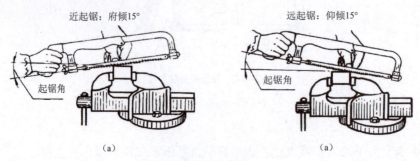

图 2-3-7　起锯

（a）近起锯；（b）远起锯

如果起锯不当，会出现锯条跳出锯缝将工件拉毛或者引起锯齿崩裂，也会使起锯后锯缝与划线位置不一致，将导致锯削尺寸出现较大偏差。起锯时，用左手拇指靠住锯条，使锯条能正确地锯在所需位置上，起锯行程要短，压力要小，速度要慢，如图 2-3-8 所示。

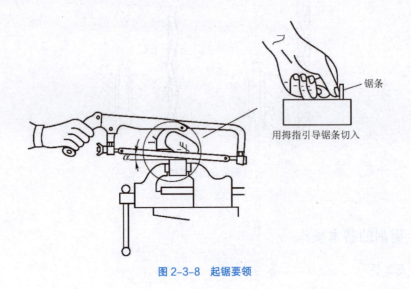

图 2-3-8　起锯要领

远起锯是指从工件远离操作者的一端起锯，锯齿逐步切入材料，不易被卡住，起锯较方便。

近起锯是指从工件靠近操作者的一端起锯，这种方法如果掌握不好，锯齿容易被工件的棱边卡住，造成锯条崩齿。此时，可采用向后拉钢锯做倒向起锯的方法，使起锯时接触的齿数增加，再做推进起锯就不会被棱边卡住而崩齿。

一般情况下采用远起锯的方法。当起锯锯到槽深 2 ~ 3 mm 时，锯条已不会滑出槽外，左手拇指可离开锯条，扶正锯弓逐渐使锯痕向后（向前）成水平，然后正常锯削。

无论采用哪种起锯方法，起锯角度都要适合，一般为 $\theta \approx 15°$。如果起锯角度太大，则起锯不易平稳，锯齿容易被棱边卡住而引起崩齿，尤其是近起锯时。

但起锯角度也不易太小，否则，由于同时与工件接触的齿数多而不易切入材料，锯条可能打滑而使锯缝发生偏离，在工件表面锯出许多锯痕，影响表面质量。

3. 手锯握法

右手满握锯弓手柄，左手轻扶锯弓前端，拇指压在锯弓背上，其他四指轻扶弓架前端，将锯弓扶正扶稳，保证在锯削时锯弓平稳运动，如图 2-3-9 所示。

图 2-3-9　手锯握法

4. 锯削的站位

两脚互呈一定角度，左脚跨前半步，膝盖处略有弯曲，保持自然，右脚站稳伸直，不要过于用力，重心偏于右脚，身体与台虎钳中心线大致呈 45°，如图 2-3-10 所示。

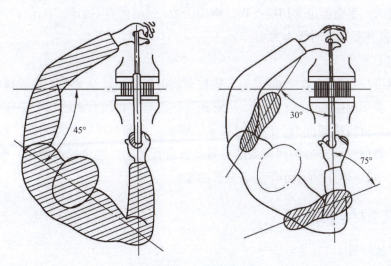

图 2-3-10　锯削的姿势

4.锯削的动作

（1）锯削姿势

正确的锯削姿势能提高工作效率。在锯削时，左腿弓，右腿绷，身体前倾，重心落在左脚上，两脚站稳不动，靠左膝的屈伸使身体进行小弧度的前后往复摆动，即在起锯时，身体稍向前倾，与垂直方向约成10°，此时右肘尽量向后收。随着推锯行程的增大，身体逐渐向前倾斜，行程达 2/3 时，身体倾斜约 18°，左右臂均向前伸出。当锯削最后 1/3 行程时，用手腕推进锯弓，身体随着手锯的反作用力退回到 15° 位置。锯削行程结束后取消压力，将手和身体都退回到最初位置，如图 2-3-11 所示。在锯削运动时身体摆动姿势要协调、自然。

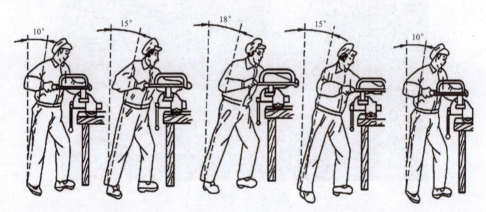

图 2-3-11 锯削动作

（2）锯削的用力

在锯削运动时，推力和压力由右手控制，左手主要配合右手，使锯弓平稳运动，压力不要过大。手锯前进为切削行程，施加压力；返回行程不切削，自然拉回，不施加压力；在工件将要锯断时压力要小。

（3）锯削速度

锯削速度一般为 40 次 /min 左右，锯软材料时速度可适当快些，锯硬材料时慢些。速度过慢，会影响锯削效率；过快，则锯条发热严重，锯齿容易磨损。必要时可加水、乳化液或机油进行冷却润滑，以减轻锯条的磨损。锯削过程应保持匀速，返回时速度相应快些。锯削时应充分利用锯条的有效全长进行切削，避免局部磨损，缩短锯条的使用寿命。一般锯削行程不小于锯条全长的 2/3。

四、典型材料锯削

1.棒料的锯削

锯削棒料前先划出垂直于棒料轴线的锯削线。若锯削的断面要求平整，则应从开始连续锯到结束；如果要求不高，则锯削时可改变方向，使棒料转过一定角度再锯，这样可使锯割面变小而容易锯入，提高效率。

2. 薄板料锯削

由于薄板料太薄，容易钩住锯齿而崩裂，所以在锯削时应尽量增大锯削面，可以用两块木板或金属块夹持，连同木块或金属块一起锯削，如图 2-3-12（a）所示；或者将薄板料夹在台虎钳上，用手锯斜锯，如图 2-3-12（b）所示。

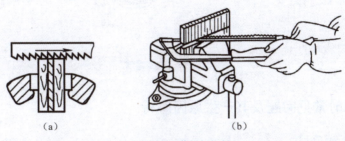

（a） （b）

图 2-3-12 薄板料锯削

（a）用两块木板夹持锯削；（b）横向斜推锯

3. 管件锯削

由于划线精度对锯削精度要求不高，所以可用纸条按锯削尺寸绕工件外圆，然后用划针划出。锯削管件前，必须将管件夹正，然后进行锯削加工。但对于薄壁管件和精加工过的管件，为了防止将管件夹扁和损坏表面，可用两块木制带 V 形槽的衬垫在两钳口之间夹紧，如图 2-3-13 所示。

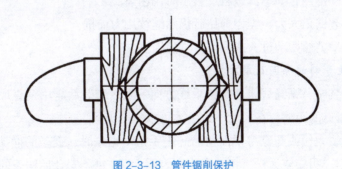

图 2-3-13 管件锯削保护

在锯削薄壁管件时，由于锯齿易被管壁钩住而崩齿，所以不能从一个方向连续锯削直至结束，应该先从一个方向锯到管件内壁处，然后把管件向推锯方向转动一定角度，并锯到管件内壁处，再转动一定角度，就这样不断改变锯削方向，直到锯断为止。

4. 深缝锯削

深缝是指锯缝的深度超过锯弓的高度。当锯弓碰到工件时，应将锯条拆下转过

90°或180°重新安装，使锯弓不与工件相碰，从而顺利完成锯削加工，如图 2-3-14 所示。

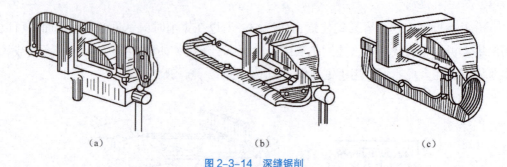

(a)　　　　　　　　　　(b)　　　　　　　　　　(c)

图 2-3-14　深缝锯削

五、锯削时常见问题及其产生原因解析

1. 锯条折断的原因

1）工件未夹紧，锯割时工件有松动。

2）锯条装得过松或过紧。

3）锯割压力过大或锯割用力突然偏离锯缝方向。

4）强行纠正歪斜的锯缝或调换新锯条后仍沿原锯缝过猛锯下。

5）锯割时锯条中间局部磨损，当拉长锯割时被卡住引起折断。

6）中途停止使用时，手锯未从工件中取出而碰断。

2. 锯齿崩裂的原因

1）锯条选择不当，如锯薄板料、管子时用粗齿。

2）起锯时起锯角太大，锯齿卡住后仍然继续用力前推。

3）锯割运动突然摆动过大或锯齿有过猛撞击。

3. 锯缝产生歪斜的原因及解决措施

1）工件安装时，锯缝线未能与铅垂线方向一致。安装后需用钢直尺测量工件的上平面和台虎钳钳口的距离，在尺寸一致后才可以完全夹紧。

2）锯条安装太松或与锯弓平面扭曲。用手扭动锯条时，锯条的摆动角度在 15°左右，扭动过大则表明安装太松，扭动太小则表明太紧；锯条安装后锯条的侧面要与锯弓的侧面基本一致，不能有明显的扭曲。

3）使用锯齿两面磨损不均的锯条。要及时发现，更换锯条。

4）锯割压力过大使锯条左右偏摆。锯割时每次锯割的切削用力平均，力量适中，不忽轻忽重，切削速度稳定。

5）锯弓未扶正或用力歪斜，使锯条背偏离锯缝中心平面，而斜靠在锯割断面的一侧。需及时调整手扶锯弓的姿势，摆正锯条，使锯缝回到正确锯割位置。

4.锯齿磨损过快的原因

1）锯削速度太快使锯条过热，加剧锯条磨损。

2）锯削硬材料时没有加润滑液。

3）锯削过硬的材料。

◎ 锯削注意事项

1）应根据所加工材料的硬度和厚度正确选用锯条，锯条安装的松紧程度要适度，根据手感应随时调整。

2）锯削前，要在锯削的路线上划线，锯削时以划好的线作为参考，贴着线往下锯，但是不能把参考线锯掉。

3）被锯削的工件要夹紧，锯削中不能有位移和振动；锯削线离工件支撑点要近。

4）锯削时要扶正锯弓，防止歪斜，起锯要平稳，起锯角不应超过15°，角度过大时，锯齿易被工件卡夹。

5）锯削过程中，向前推锯时双手要适当加力；向后退锯时应将锯弓略微抬起，不要施加压力。用力的大小应根据被锯削工件的硬度来确定，硬度大的可加力大些，硬度小的可加力小些。

6）锯削时最好使锯条的全部长度都能进行锯削，一般锯弓的往复长度不应小于锯条长度的2/3。

7）安装或更换新锯条时，必须注意保证锯条的齿尖方向要朝前；锯削中途更换新锯条后，应掉头锯削，不宜沿原锯缝锯削；当工件快被锯断时，应用手扶住，以免工件下落。

【任务实施】

一、工具材料领用及准备

工具材料及工作准备见表2-3-2。

表 2-3-2　工具材料及工作准备

1.工具/设备/材料				
类别	名称	规格型号	单位	数量
设备	钳工操作台		台	40
	台虎钳		台	40
	划线方箱		个	10
	划线平台		个	10

类别	名称	规格型号	单位	数量
工具	高度游标卡尺	300 mm	把	10
	钢直尺	150 mm	把	10
	游标卡尺	150 mm	把	10
	手锯		把	40
	锯条	300 mm	根	40
	90° 直尺		把	10
耗材	圆棒料	$\phi25$ mm × 110 mm	根	4
	划线涂料		升	1
	刷子		把	10

2. 工作准备

（1）技术资料：教材、各种锯削工具使用说明书、工作任务卡

（2）工作场地：有良好的照明、通风和消防设施等

（3）工具、设备、材料：按"工具 / 设备 / 材料"栏目准备相关工具、设备和材料

（4）建议分组实施教学。每 4 ~ 6 人为一组，每人需要 1 个工位、1 把手锯，通过分组讨论完成圆棒料锯削工作计划，并实施操作

（5）劳动保护：规范着装，穿戴劳保用品、工作服

二、工艺分析

1. 任务分析

如图 2-1-1 所示，六角螺母加工需要的圆棒料坯料高度为 10 mm。圆柱工件在锯割时由于工件和锯齿的接触面会越来越大，锯条深藏于锯缝中，不但锯条上会积聚大量的切削热，使锯齿硬度下降，锯齿容易钝，而且还会严重影响锯割质量，使锯缝歪斜，加工面凹凸不平，圆柱母线不垂直。通过练习，学会根据材料、工件形状合理选用锯条，在不同的锯割情况下以合适的锯割速度和锯割切削力加工工件。

2. 锯削步骤

1）在圆棒料上划线，必须绕着圆柱表面划出完整的锯割线。

2）对圆棒料进行固定，注意锯割线不要远离钳口侧面，以防止锯割时圆钢向下滑移；夹持力大小适宜，能夹紧不动就可以。

3）选择合适的锯条安装，松紧适宜。

4）对圆棒料进行锯削，时刻注意锯缝的加工质量。

3. 锯削操作提示

1）如果锯割的断面要求平整，则应从开始连续锯到结束。

2）若锯出的断面要求不高，可通过改变棒料的位置使棒料转过一定角度分几个方向锯下。这样，锯割面变小，容易锯入，可提高工作效率，但工件锯割面锯出许多锯痕，表面质量下降。

3）锯割时在锯条上加少许机油，即可减少锯条和锯削断面的摩擦，也能冷却锯条，提高锯条的使用寿命。

4. 制订圆棒料锯削的工作计划

在执行计划的过程中填写完成情况表，如表 2-3-3 所示。

表 2-3-3　工作计划执行情况表

序号	操作步骤	工作内容	执行情况记录
1	圆棒料涂色	涂色	
2	划线	划出完整切割线	
3	圆棒料固定	在台虎钳上正确进行圆棒料夹紧	
4	准备工具	选择并正确安装锯条	
5	锯削	进行锯削操作	
6	检查	对锯削后的坯料进行检查	

【实训报告】

一、实训任务书

课程名称	钳工综合实训		项目 2	钳工基本加工技能
任务 3	圆棒料锯削		建议学时	8
班级		学生姓名	工作日期	
实训目标	1. 掌握锯削常用工具的基本知识； 2. 掌握锯削的安全文明生产操作规程； 3. 掌握锯削的基本知识； 4. 掌握锯削的基本操作技能			
实训内容	1. 制定圆棒料锯削工艺过程卡； 2. 正确完成圆棒料锯削操作			
安全与文明要求	1. 严格执行"7S"管理规范要求； 2. 严格遵守实训场所（工业中心）管理制度； 3. 严格遵守学生守则； 4. 严格遵守实训纪律要求； 5. 严格遵守钳工操作规程			

续表

课程名称	钳工综合实训		项目2	钳工基本加工技能
任务 3	圆棒料锯削		建议学时	8
班级		学生姓名	工作日期	
提交成果	完成圆棒料坯料、实训报告			
对学生的要求	1. 具备锯削及其常用工具的基本知识； 2. 具备锯削的基本操作能力； 3. 具备一定的实践动手能力、自学能力、分析能力，一定的沟通协调能力、语言表达能力和团队意识； 4. 执行安全、文明生产规范，严格遵守实训场所的制度和劳动纪律； 5. 着装规范（工装），不携带与生产无关的物品进入实训场所； 6. 完成圆棒料锯削和实训报告			
考核评价	评价内容：工作计划评价、实施过程评价、完成质量评价、文明生产评价等。 评价方式：由学生自评（自述、评价，占 10%）、小组评价（分组讨论、评价，占 20%）、教师评价（根据学生学习态度、工作报告及现场抽查知识或技能进行评价，占 70%）构成该同学该任务成绩			

二、实训准备工作

课程名称	钳工综合实训		项目二	钳工基本加工技能
任务 3	圆棒料锯削		建议学时	8
班级		学生姓名	工作日期	
场地准备描述				
设备准备描述				
工、量具准备描述				
知识准备描述				

三、工艺过程卡

产品名称		零件名称		零件图号		共　页	
材料		毛坯类型				第　页	
工序号		工序内容		设备名称			
				工具	夹具	量具	

续表

产品名称		零件名称		零件图号		共　页
材料		毛坯类型				第　页
工序号		工序内容		设备名称		
				工具	夹具	量具
抄写		校对		审核		批准

四、考核评价表

考核项目	技术要求	分值	小组自评（10%）	小组互评（20%）	教师评价（70%）	实得分（Σ）
工艺过程（5%）	锯削步骤正确	5				
工具使用（15%）	涂色合理	2				
	操作姿势正确	9				
	锯条安装准确	2				
	锯削速度	2				

续表

考核项目	技术要求	分值	小组自评（10%）	小组互评（20%）	教师评价（70%）	实得分（Σ）
完成质量（60%）	锯削尺寸公差 10 mm ± 0.5 mm	15				
	平面度 0.5 mm	15				
	平行度 0.8 mm	15				
	垂直度 0.5 mm	15				
文明生产（10%）	安全操作	5				
	工作场所整理	5				
相关知识及职业能力（10%）	锯削基本知识	2				
	自学能力	2				
	表达沟通能力	2				
	合作能力	2				
	创新能力	2				
总分（Σ）		100				

任务 4 六角螺母锉削

【任务目标】

（1）能够详细阐述锉削的基本原理；

（2）能够描述锉削工具的基本构造；

（3）具备熟练使用锉削工具的能力；

（4）具备正确进行锉削操作的能力。

【任务描述】

如图 2-1-1 所示，根据六角螺母加工图，对六角螺母上下表面和六边形边长平面进行锉削加工。要完成上述任务，必须掌握锉削的基本动作要领，明白锉削的种类和方法，做到锉削动作标准、规范、娴熟，并树立工业产品精度意识和安全文明生产意识。用锉刀对工件表面进行切削的加工方法称为锉削，如图 2-4-1 所示。

图 2-4-1 锉削

锉削一般是在錾、锯之后对工件进行精度较高的加工，其精度可达 0.01 mm，表面粗糙度可达 Ra0.8 μm。锉削是钳工的一项重要的基本操作，尽管它的效率不高，但在现代工业生产中用途仍很广泛。

锉削除可以加工平面、曲面、外表面、内孔、沟槽和各种复杂表面外，还可以配键、做样板及在装配中修整工件，是钳工常用的重要操作方法之一。

◎ 文墨精度

从事金属锉削的"大国工匠"方文墨，如图 2-4-2 所示，凭借多年的经验完成了机床都无法完成的加工精度。方文墨是中航工业的一名锉削工人，拥有精湛的锉削技术，从他手中加工出的金属零部件，精度可以控制在 0.003 mm，达到头发直径的1/25，即使是最先进的机床也达不到这一精度。为此，中航工业将这一精度命名为文墨精度，算是对方文墨技术水平的最高评价。值得注意的是，方文墨 0.003 mm 的操作全程都是蒙着眼的，单凭感觉就达到了机床达不到的精度水平，由此可见方文墨高超的锉削技术。

图 2-4-2 大国工匠——方文墨

【任务解析】

（1）根据已知正六边形划线的坯料，分析锉削步骤。

（2）选择合理的锉削加工工具。

（3）根据图纸正确进行锉削加工。

（4）检查锉削加工质量。

【相关知识】

一、锉刀

锉刀是锉削的刀具，用高碳工具钢 T13 或 T12 制成，并经热处理，其切削部分的硬度可达 62 ~ 72 HRC。

1. 锉刀结构

锉刀由锉身和锉刀柄两部分组成，如图 2-4-3 所示。

锉刀面是锉削的主要工作面。锉刀面的上、下两面都制有锉齿，便于对零件进行正常的锉削工作。

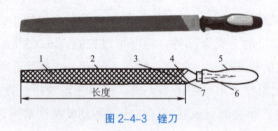

图 2-4-3 锉刀

1—锉刀面；2—锉刀边；3—底齿；4—锉刀尾；5—木柄；6—锉舌；7—面齿

锉刀边是指锉刀的两个侧面，有的没有齿，有的其中一边有齿，而没有齿的一边称为光边，它可防止锉刀在加工相邻两直面时碰伤相邻面。锉刀舌是用来缓锉刀柄的。锉刀柄一般用硬木或塑料制成，在锉刀柄安装孔的外部常套有铁箍。

2. 锉齿和锉纹

（1）锉齿

锉齿是指锉刀用以切削的齿型，有铣齿和剁齿两种。铣齿是用铣齿法铣成的，其切削角 δ_0 小于 90°，如图 2-4-4（a）所示；剁齿是用剁齿机剁成的，其切削角 δ_0 大于 90°，如图 2-4-4（b）所示。锉削时每个锉齿相当于一把錾子，用于对金属材料进行切削。

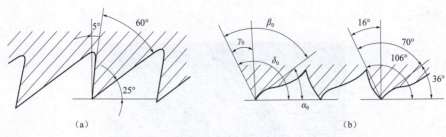

图 2-4-4 锉齿切削角度

（a）铣齿；（b）剁齿

切削角 δ_0 是指前刀面与切削平面之间的夹角，其大小反映了切屑流动的难易程度和刀具切入时是否省力。

（2）锉纹

锉纹又称齿纹，是指锉齿排列的图案，有单齿纹和双齿纹两种。单齿纹是指锉刀上只有一个方向的齿纹，锉齿之间留有较大的空隙，使得锉齿的强度下降，如图 2-4-5（a）所示。单齿纹多为铣齿，正前角切削，由于全齿宽都同时参与切削，需要较大的切削力，所以适用于锉削软材料，如铝、铜等非铁金属材料。双齿纹是指锉刀上有两个方向排列的齿纹，如图 2-4-5（b）所示。双齿纹大多为剁齿，先剁上去的为底齿纹（齿纹浅），后剁上去的为面齿纹（齿纹深），面齿纹与底齿纹的方向和深度不同，所有的锉齿都沿锉刀中心线方向倾斜并规则排列。锉削时，每个齿的锉痕交错而不重叠，锉削时的切屑是碎断的，比较省力，且锉齿之间留有的空隙较小，有利于提高锉齿强度，且锉面比较光滑，适于锉硬材料，如钢等。

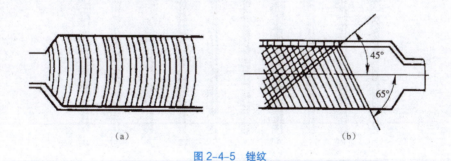

图 2-4-5 锉纹

（a）单齿纹；（b）双齿纹

3. 锉刀的种类

钳工常用的锉刀按其用途不同，可分为普通钳工锉、异形锉和整形锉三类。

（1）普通钳工锉

普通钳工锉按其断面形状不同，分为平锉（板锉）、方锉、三角锉、半圆锉和圆锉五种，如图 2-4-6 所示。

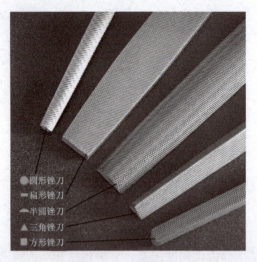

图 2-4-6　普通钳工锉

（2）异形锉

异形锉用于锉削工件特殊表面，如图 2-4-7 所示。

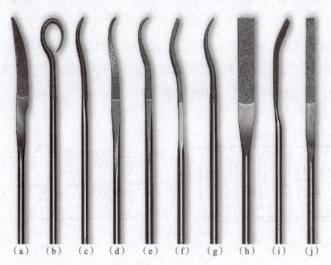

（a）　（b）　（c）　（d）　（e）　（f）　（g）　（h）　（i）　（j）

图 2-4-7　异形锉

（a）尖头刀形锉；（b）尖头圆圈钩形锉；（c）尖头双边圆扁锉；（d）尖头扁钩锉；

（e）尖头圆钩锉；（f）尖头椭圆锉；（g）尖头半圆锉；（h）6 mm 扁锉；（i）尖头方锉；（j）3 mm 扁锉

（3）整形锉

整形锉又称什锦锉或组锉，因分组配备各种断面形状的小锉而得名，主要用于修整工件上的细小部分，如图 2-4-8 所示。其通常以 5 把、6 把、8 把、10 把或 12 把为一组。

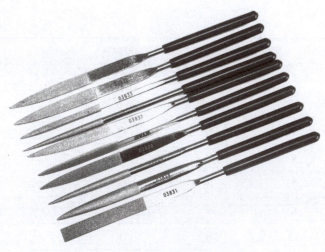

图 2-4-8 整形锉

4. 锉刀的规格

锉刀的规格分为尺寸规格和齿纹的粗细规格。其中钢锉、钳工锉的国家标准规范技术性规定可查 QB/T 2569.1—2002。

（1）尺寸规格

不同锉刀的尺寸规格用不同的参数表示。圆锉刀的尺寸规格以直径表示，方锉刀的尺寸规格以方形尺寸表示，其他锉刀的尺寸规格则以锉身长度表示。常用的尺寸规格有 100 mm（4 in）、125 mm（5 in）、150 mm（6 in）、200 mm（8 in）、250 mm（10 in）、300 mm（12 in）、350 mm（14 in）、400 mm（16 in）、450 mm（18 in）等。

（2）齿纹规格

锉刀齿纹的粗细规格以锉刀每 10 mm 轴向长度内的主锉纹条数来表示，如表 2-4-1所示。主锉纹是指锉刀上两个方向排列的深浅不同的齿纹中起主要锉削作用的齿纹，而起分屑作用的另一个方向的齿纹称为辅锉纹。

表 2-4-1 锉刀齿纹的粗细规格

规格 /mm	锉纹号				
	1	2	3	4	5
	主锉纹条数 /10 mm				
100	14	20	28	40	56
125	12	18	25	36	50
150	11	16	22	32	45
200	10	14	20	28	40

续表

规格 /mm	锉纹号				
	1	2	3	4	5
	主锉纹条数 /10 mm				
250	9	12	18	25	36
300	8	11	16	22	32
350	7	10	14	20	—
400	6	9	12	—	—
450	5.5	8	11	—	—

注：1 号为粗齿锉刀，2 号为中齿锉刀，3 号为细齿锉刀，4 号为双细齿锉刀，5 号为油光锉刀

5. 锉刀的选择

每种锉刀都有它适当的用途，如果选择不当，就不能充分发挥它的效能，甚至会过早地使其丧失锉削能力。因此，锉削之前必须正确地选择锉刀。

（1）锉刀齿纹粗细规格的选择

锉刀的选用取决于工件的硬度、锉削余量、尺寸精度和表面粗糙度，表 2-4-2 列出了各种锉刀的适用场合。

表 2-4-2　各种锉刀的适用场合

锉纹号	适用场合		
	锉削余量 /mm	尺寸精度 /mm	表面粗糙度 Ra/μm
1	0.5 ~ 1	0.2 ~ 0.5	25 ~ 100
2	0.2 ~ 0.5	0.05 ~ 0.2	6.3 ~ 25
3	0.1 ~ 0.3	0.02 ~ 0.05	3.2 ~ 12.5
4	0.1 ~ 0.2	0.01 ~ 0.02	1.6 ~ 6.3
5	0.1 以下	0.01 以下	0.8 ~ 1.6

（2）按工件表面形状与大小选择锉刀断面的形状和大小

锉刀断面形状应适应工件加工表面形状，因此锉刀断面形状和大小应根据被锉削工件的表面形状和大小选用，如图 2-4-9 所示。

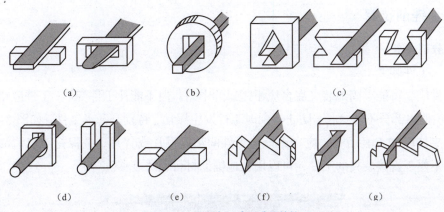

图 2-4-9　不同加工表面选用的锉刀

（a）半锉；（b）方锉；（c）三角锉；（d）圆锉；（e）半圆锉；（f）菱形锉；（g）刀形锉

（3）按工件材质选择锉刀

锉削有色金属等软材料工件时，应选用单齿纹锉刀，且只能选用粗锉刀，因为用细锉刀去锉软材料易被切屑堵塞。锉削钢铁等硬材料工件时，应选用双齿纹锉刀。

（4）按工件加工表面的大小和锉削余量来选择锉刀规格

当工件加工表面的尺寸和加工余量较大时，宜选用较长的锉刀；反之，则应选用较短的锉刀。

6. 锉刀的保养

合理使用和保养锉刀可以延长其使用寿命，具体规则如下：

1）不可锉毛坯件的硬皮或淬硬的工件，锉削铝、锡等软金属应使用单齿纹锉刀。

2）锉刀应先用一面，用钝后再用另一面。用过的锉齿比较容易锈蚀，两面同时使用会使锉刀总的使用期缩短。

3）在粗锉时，应充分使用锉刀的有效全长，避免局部磨损。

4）锉刀放置时不能与其他金属硬物相碰，锉刀与锉刀不能互相重叠堆放，以免锉齿损坏。

5）防止锉刀沾水、沾油。

6）锉刀每次使用完后，应用锉刷刷去锉纹中的残留切屑，以免加快锉刀锈蚀。

7）不准用嘴吹锉屑，也不要用手清除锉屑。当锉刀堵塞后，应用铜丝刷顺着锉纹方向刷去锉屑。

8）铸件表面如有硬皮，则应先用旧锉刀或锉刀的有侧齿边锉去硬皮，再进行加工。

9）锉削时不准用手摸锉过的表面，因为手上的油污会导致再锉时打滑。

10）不能将锉刀作为装拆、敲击或撬动的工具。

11）使用整形锉时用力不可过猛，以免折断锉刀。

二、锉削技能

1. 锉削要领

（1）工件装夹

工件应尽可能牢固地装夹在台虎钳钳口的中间，但不能使工件变形；工件应略高于钳口，但伸出部分不能太长，防止锉削时工件发生振动，特别是薄形工件，如图 2-4-10 所示。夹持已加工表面时，应在钳口与工件间垫以铜片或锌片，并保持钳口清洁。易变形和不便于直接装夹的工件，可以用其他辅助材料设法装夹。

图 2-4-10　工件装夹

（2）锉刀选择

锉削前，应根据金属材料的硬度、工件要求的精度、加工余量以及工件的表面粗糙度来选择锉刀，加工余量小于 0.2 mm 时宜选用细锉刀。

（3）锉刀柄装拆方法

锉刀只有装上锉刀柄才能使用。锉刀柄的前端圆柱部分镶有铁箍，以防锉刀柄出现松动。锉刀柄安装孔的直径和深度不能过大或过小，以大约能使锉刀舌长度的 3/4 插入锉刀柄孔为宜。锉刀柄不能有裂纹或毛刺。安装锉刀柄时，要先将锉刀舌自然地插入锉刀柄中，即左手扶锉刀柄，右手将锉刀舌插入锉刀柄内，再用右手将锉刀的下端垂直在钳台上轻轻撞紧，或者用手锤轻轻击打锉刀柄，直至其被装紧。在安装锉刀柄时，禁止单手操作，如果单手持锉刀柄蹾紧，可能会使锉刀因惯性跳出安装孔而伤手。拆卸锉刀柄时应将锉刀夹持在台虎钳钳口上，用手锤轻轻撞击锉刀柄，松动后用手取下来，如图 2-4-11 所示。

（4）锉刀的握法

1）大锉刀握法。

右手紧握锉刀柄，柄端抵在拇指根部的手掌上，大拇指放在锉刀柄上部，其余手指由下而上握住锉刀柄。操作时右手推动锉刀，并控制推动方向，左手协同右手使锉刀保持平衡。

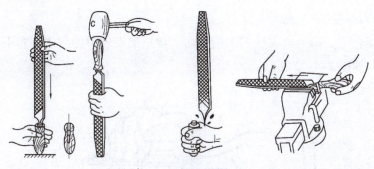

图 2-4-11 锉刀柄装拆方法

拇指压锉法：左手拇指的根部肌肉压在锉刀头上，拇指自然伸直，其余四指弯向手心，用中指、无名指握住锉刀前端，如图 2-4-12 所示。

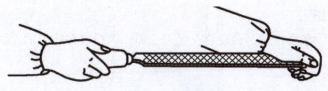

图 2-4-12 拇指压锉法

前掌压握法：左手掌自然伸展，掌面压住锉刀身的前部刀平面，如图 2-4-13 所示。

图 2-4-13 前掌压握法

2）中锉刀握法。

右手握法大致与大锉刀握法相同，左手用大拇指和食指捏住锉刀前端，如图 2-4-14 所示。

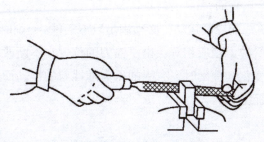

图 2-4-14 中锉刀握法

3）小锉刀握法。

右手食指伸直，拇指放在锉刀木柄上面，食指靠在锉刀的刀边，左手几个手指压在锉刀中部，如图 2-4-15 所示。

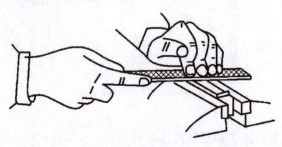

图 2-4-15　小锉刀握法

4）什锦锉刀握法。

一般只用右手拿着锉刀，食指放在锉刀上面，拇指放在锉刀的左侧，如图 2-4-16 所示。

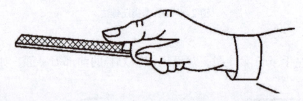

图 2-4-16　什锦锉刀握法

（5）锉削姿势

锉削姿势与锯削姿势基本相似。锉削时的站立位置及身体运动要自然并便于用力，以能适应不同的加工要求为准。

（6）施力方法

锉削平面时保持锉刀的平直运动是锉削的关键。锉削力有水平推力和垂直压力两种。推力主要由右手控制，其大小必须大于切削阻力才能去切屑；压力是由两手控制的，其作用是使锉齿深入金属表面。

为了保持锉刀做直线的锉削运动，必须满足以下条件：锉削时，锉刀在工件的任意位置上，前后两端所受的力矩应相等。由于锉刀的位置在不断改变，因此两手所加的压力也会随之做相应变化。锉削时，右手的压力随锉刀的推动而逐渐增加，左手的压力随锉刀的推进而逐渐减小。

（7）锉削速度

锉削的速度要根据加工工件大小、被加工工件的软硬程度以及锉刀规格等具体情况而定，一般应在 30 ～ 60 次 /min，速度太快容易造成操作疲劳和锉齿的快速磨损，速度太慢则效率低。在锉削过程中，推出时速度稍慢，回程时速度稍快；锉刀不加压力，以减少锉齿的磨损；动作要自然。

2. 平面锉削方法

（1）顺向锉

锉刀的运动方向与工件的夹持方向始终一致的锉削方法称为顺向锉，如图 2-4-17（a）所示。顺向锉是最普通的锉削方法，其特点是锉痕正直、整齐、美观。顺向锉适用于锉削较小的平面和最后的锉光。

（2）交叉锉

锉削时锉刀从两个交叉的方向对工件表面进行锉削的方法称为交叉锉，如图 2-4-17（b）所示。交叉锉的特点是锉刀与工件的接触面积大，锉刀容易掌握平稳，且从锉痕上可以判断出锉削面的高低情况，因此容易将平面锉平。交叉锉只适用于粗锉，精加工时要改用顺向锉才能得到正直的锉痕。锉削平面时，无论是顺向锉还是交叉锉，为使整个平面都能均匀地锉削到，一般每次退回锉刀时都要向旁边略做移动。

锉削钢件时，由于切屑容易嵌入锉刀锉齿中而拉伤加工表面，使表面粗糙度增大，因此必须经常用铁片或钢丝刷剔除切屑（注意剔除切屑时应顺着锉刀齿纹方向）。

（3）推锉

两手对称地握住锉刀，两个大拇指均衡地用力推着锉刀进行锉削的方法称为推锉，如图 2-4-17（c）所示。推锉一般在锉削狭长的平面或在锉刀推进受阻时采用。推锉不能充分发挥手的推力，锉削效率不高，故常在加工余量较小和修正尺寸时采用。

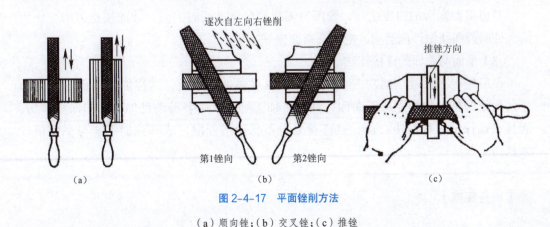

图 2-4-17　平面锉削方法

（a）顺向锉；（b）交叉锉；（c）推锉

3. 曲面锉削的方法

曲面是由各种不同的曲线型面所组成的，最基本的曲面是单一的内、外圆弧面，只要掌握好内、外圆弧面的锉削方法，就能掌握好各种曲面的锉削方法。

（1）外圆弧面的锉削方法

选用平锉刀锉削外圆弧面时，锉刀要同时完成两个运动，即锉刀在做前进运动的同时，还做绕工件圆弧中心的转动。

常见的锉削外圆弧面的方法有以下两种：

1）顺着圆弧面锉削。

锉削时，右手将锉刀柄往下压，左手将锉刀前端（尖端）向上抬，这样锉出的圆弧面不会出现棱边且光洁圆滑。这种方法的缺点是不易发挥锉削力量，而且锉削效率不高，只适合在加工余量较小或精锉圆弧面时采用。

2）对着圆弧面锉削

锉削时，锉刀做直线推进，容易发挥锉削力量，能较快地把圆弧外的部分锉成接近圆弧的多边形，适用于加工余量较大的粗加工。当按圆弧要求锉成多边形后，应再用顺着圆弧面锉削的方法精锉成形。

（2）内圆弧面的锉削方法

锉削内圆弧面所使用的锉刀有圆锉（适用于圆弧半径较小时）、半圆锉和圆肚锉（适用于圆弧半径较大时）。锉削时，锉刀要同时完成三个运动：前进运动；随圆弧面向左或向右移动（约半个到一个锉刀直径）；绕锉刀中心线转动（顺、逆时针方向转动约 90°）。

如果锉刀只做前进运动，即锉刀的工作面不做沿工件圆弧曲线的运动，而只做垂直于工件圆弧方向的运动，那么就会将内圆弧面锉成凹形（深坑）。如果锉刀只做前进和向左（或向右）的移动，即锉刀的工作面仍不做沿工件圆弧曲线的运动，而做沿工件圆弧切线方向的运动，则锉出的内圆弧面为棱形。

要想得到圆滑的内圆弧面，锉削时需将三种运动同时完成，才能使锉刀的工作面沿工件圆弧曲线做锉削运动，把内圆弧面锉好。

（3）平面与曲面的连接锉法

一般情况下，锉削时应先加工平面，然后再加工曲面，这样能使曲面与平面的连接比较圆滑。如果先加工曲面，然后再加工平面，则容易使已加工的曲面受损伤，而且很难保证对称的中心面，且连接处也不易锉得圆滑，或圆弧面不能与平面很好地相切。

🔑【任务实施】

一、工具材料领用及准备

工具材料及工作准备见表 2-4-3。

表 2-4-3 工具材料及工作准备

1.工具/设备/材料				
类别	名称	规格型号	单位	数量
设备	钳工操作台	—	台	40
	台虎钳	—	台	40
	划线方箱	—	个	10
	划线平台	—	个	10
工具	高度游标卡尺	300 mm	把	10
	游标卡尺	150 mm	把	10
	钢直尺	150 mm	把	10
	锉刀	—	把	40
	整形锉	—	套	10
	90° 直尺	—	把	10
耗材	圆棒料	$\phi25$ mm × 10 mm	块	40
	划线涂料	—	L	1
	刷子	—	把	10
2.工作准备				
（1）技术资料：教材、各种锉削工具使用说明书、工作任务卡				
（2）工作场地：有良好的照明、通风和消防设施等				
（3）工具、设备、材料：按"工具/设备/材料"栏目准备相关工具、设备和材料				
（4）建议分组实施教学。每 4 ~ 6 人为一组，每人需要 1 个工位、1 把锉刀，通过分组讨论完成六角螺母锉削工作计划，并实施操作				
（5）劳动保护：规范着装，穿戴劳保用品、工作服				

二、工艺分析

1.任务分析

如图 2-1-1 所示，六角螺母加工需要的圆棒料坯料高度为 10 mm，根据图纸锉削加工六角螺母。

2.锉削步骤

1）对锯削后的圆棒料进行截面锉削加工，符合划线的基本要求。

2）在圆棒料截面上划线，划出六角螺母。

3）对圆棒料进行固定，根据划线界线进行锉削加工。

4）锉削过程中不断检查尺寸及精度要求。

5）对不符合要求的进行修整。

3.制订六角螺母锉削的工作计划

在执行计划的过程中填写执行情况表，如表2-4-4所示。

表2-4-4　工作计划执行情况表

序号	操作步骤	工作内容	执行情况记录
1	检查坯料	检查坯料是否符合锉削要求	
2	圆棒料截面锉削	正确锉削两个截面，达到划线要求	
3	截面涂色	正确进行涂色	
4	划六角螺母	正确在截面上划出六角螺母	
5	依次锉削六个平面	正确依次锉削六边形的六个平面	
6	检查尺寸精度	正确检查尺寸精度，并进行正确的修整	
7	检查平面度	正确检查八个平面的平面度，并进行正确的修整	
8	检查垂直度	正确检查各个平面相互间的垂直度，并进行正确的修整	
9	倒角	正确进行倒角加工	

【实训报告】

一、实训任务书

课程名称	钳工综合实训		项目2	钳工基本加工技能
任务4	六角螺母锉削		建议学时	12
班级		学生姓名	工作日期	
实训目标	1.掌握锉削常用工具的基本知识； 2.掌握锉削的安全文明生产操作规程； 3.掌握锉削的基本知识； 4.掌握锉削的基本操作技能			
实训内容	1.制定六角螺母锉削工艺过程卡； 2.正确完成六角螺母的锉削操作			
安全与文明要求	1.严格执行"7S"管理规范要求； 2.严格遵守实训场所（工业中心）管理制度； 3.严格遵守学生守则； 4.严格遵守实训纪律要求； 5.严格遵守钳工操作规程			
提交成果	完成六角螺母锉削、实训报告			

续表

课程名称	钳工综合实训		项目 2	钳工基本加工技能
任务 4	六角螺母锉削		建议学时	12
班级		学生姓名	工作日期	
对学生的要求	1. 具备锉削及其常用工具的基本知识； 2. 具备锉削的基本操作能力； 3. 具备一定的实践动手能力、自学能力、分析能力，一定的沟通协调能力、语言表达能力和团队意识； 4. 执行安全、文明生产规范，严格遵守实训场所的制度和劳动纪律； 5. 着装规范（工装），不携带与生产无关的物品进入实训场所； 6. 完成六角螺母锉削和实训报告			
考核评价	评价内容：工作计划评价、实施过程评价、完成质量评价、文明生产评价等。 评价方式：由学生自评（自述、评价，占 10%）、小组评价（分组讨论、评价，占 20%）、教师评价（根据学生学习态度、工作报告及现场抽查知识或技能进行评价，占 70%）构成该同学该任务成绩			

二、实训准备工作

课程名称	钳工综合实训		项目 2	钳工基本加工技能
任务 4	六角螺母锉削		建议学时	12
班级		学生姓名	工作日期	
场地准备描述				
设备准备描述				
工、量具准备描述				
知识准备描述				

三、工艺过程卡

产品名称		零件名称		零件图号		共 页	
材料		毛坯类型				第 页	
工序号		工序内容		设备名称			
				工具	夹具	量具	

续表

产品名称		零件名称		零件图号		共 页	
材料		毛坯类型				第 页	
工序号		工序内容		设备名称			
				工具	夹具	量具	
抄写		校对		审核		批准	

四、考核评价表

考核项目	技术要求	分值	小组自评（10%）	小组互评（20%）	教师评价（70%）	实得分（Σ）
工艺过程（5%）	锉削步骤正确	5				
工具使用（15%）	涂色合理	2				
	操作姿势正确	9				
	测量工具准确	2				
	锉削速度合理	2				

续表

考核项目	技术要求	分值	小组自评（10%）	小组互评（20%）	教师评价（70%）	实得分（Σ）
完成质量（60%）	锯削尺寸公差 20 mm ± 0.3 mm	15				
	锯削尺寸公差 8 mm ± 0.3 mm	5				
	垂直度 0.2 mm	40				
文明生产（10%）	安全操作	5				
	工作场所整理	5				
相关知识及职业能力（10%）	锉削基本知识	2				
	自学能力	2				
	表达沟通能力	2				
	合作能力	2				
	创新能力	2				
总分（Σ）		100				

任务5　四方体錾削

【任务目标】

（1）能够详细阐述錾削的基本原理；

（2）能够描述錾削工具的基本构造；

（3）具备熟练使用錾削工具的能力；

（4）具备正确进行錾削操作的能力。

【任务描述】

如图 2-5-1 所示，根据四方体加工图，对四方体四个平面进行錾削加工。要完成上述任务，必须掌握錾削的基本动作要领，明白錾削的种类和方法，领会錾削动作要领，巩固錾削操作技能，逐步建立起精度意识和安全、文明生产意识。

錾削操作需要掌握錾子和手锤的握法、挥锤方法和站立姿势等，还要注意锤击錾子的力度和准确性，为矫正、弯形和机械设备装拆奠定基础。

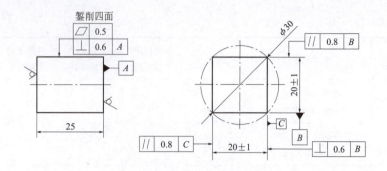

技术要求
錾削后棱边倒钝，无毛刺。

图 2-5-1　四方体加工图

錾削是用手锤打击錾子对金属工件进行切削加工的方法，又称凿削，如图 2-5-2 所示。錾削加工是钳工的基本操作技能。目前，錾削工作主要用于难以进行机械加工的场合，如去除毛坯上的凸缘、毛刺，分割材料，錾削平面及沟槽等。

图 2-5-2　錾削

【任务解析】

（1）根据四方体加工图，分析圆棒料錾削步骤。

（2）选择合理的錾削加工工具。

（3）根据图纸正确进行錾削加工。

（4）选择合理和正确的錾削操作要素。

（5）保证錾子切削刃楔角的合理和锋利。

（6）检查錾削加工质量。

🔍【相关知识】

一、錾削工具

錾削的主要工具是錾子和锤子。

1. 錾子

錾子是錾削工件的刀具，用碳素工具钢经锻打成形后再进行刃磨和热处理而成。錾子由錾头、切削部分及錾身三部分组成，如图 2-5-3 所示。

錾子的头部有一定的锥度，顶端略带球形，以便锤击时作用力通过錾子的中心线，使錾子易保持平稳。

錾身多呈八棱形，以防止錾削时錾子转动。

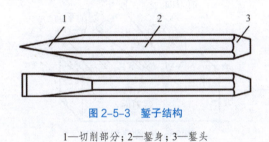

图 2-5-3　錾子结构

1—切削部分；2—錾身；3—錾头

錾子的切削部分可根据錾削对象不同，制成以下三种类型：扁錾（阔錾）、尖錾（狭錾）、油槽錾。

（1）扁錾

扁錾其切削部分扁平，刃口略带弧形。其主要用来錾削平面、去除毛刺和分割板料等，如图 2-5-4（a）所示。

（2）尖錾

尖錾其切削刃比较短，切削部分的两个侧面从切削刃起向柄部逐渐变小。其作用是避免在錾沟槽时錾子的两侧面被卡住，以致增加錾削阻力和加剧錾子侧面的磨损。尖錾的斜面有较大的角度，目的是保证切削部分具有足够的强度。尖錾主要用来錾槽和分割曲线形板料，如图 2-5-4（b）所示。

（3）油槽錾

油槽錾其切削刃很短并呈圆弧形，主要用来錾削油槽。为了能在对开式滑动轴承孔壁上錾削油槽，油槽錾的切削部分常做成弯曲形状，如图 2-5-4（c）所示。

2. 錾子的切削原理

錾子一般用碳素工具钢锻造而成，其切削部分被刃磨成楔形，距切削部分约 20 mm 的一端经热处理后硬度应为 56 ～ 62 HRC。

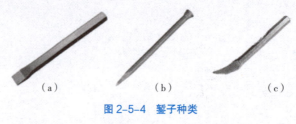

（a） （b） （c）

图 2-5-4 錾子种类

（a）扁錾；（b）尖錾；（c）油槽錾

錾子切削部分由前刀面、后刀面以及由它们的交线形成的切削基准面组成，如图 2-5-5 所示，錾削时形成的切削角度有以下几种。

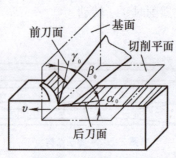

图 2-5-5 錾子切削原理

（1）楔角 β_0

錾子前刀面与后刀面之间的夹角称为楔角。楔角的大小对錾削有直接影响，一般楔角越小，錾削越省力。但楔角过小会造成刃口薄弱，容易崩损；楔角过大，錾削费力，錾削表面也不易平整。通常根据后刀面工件材料软硬不同而选取不同的楔角数值：錾削硬钢或铸铁等硬材料时，楔角取 60°～70°；錾削一般钢料和中等硬度材料时，楔角取 50°～60°；錾削铜或铝等软材料时，楔角取 30°～50°。

（2）后角 α_0

一般錾削时，錾子后刀面与切削平面之间的夹角称为后角，它的大小是由錾子被握持的位置决定的。后角的作用是减小后刀面与切削平面之间的摩擦，并使錾子容易切入材料。后角一般取 5°～8°，后角太大会使錾削时切入过深，甚至会损坏錾子的切削部分；后角太小，则錾子容易滑出工件表面而不能顺利切入。

（3）前角 γ_0

錾子前刀面与基准面之间的夹角称为前角，其作用是减小錾削时的变形，使切削省力。前角越大，切削越省力。由于基准面垂直于切削平面，故 $\alpha_0 + \beta_0 + \gamma_0 = 90°$。当后角 α_0 一定时，前角 γ_0 的数值由楔角 β_0 的大小决定。

3. 錾子的热处理

錾子一般由碳素工具钢经锻造成毛坯，再将切削部分粗磨，然后经淬火和回火使切削部分的硬度达到 56 ~ 62 HRC，最后按需要精磨切削刃后制作而成。

（1）淬火

将錾子切削部分约 20 mm 长的一端均匀加热到呈暗樱红色（750 ~ 780℃），取出后迅速浸入水中冷却，浸入深度为 5 ~ 6 mm，即完成淬火。为了加速冷却，錾子可在水面缓缓移动，由于移动时水面会产生一些波动，故可使淬硬与不淬硬的界线不十分明显，否则容易在分界处发生断裂。

（2）回火

当錾子露出水面部分呈黑色时将其从水中取出，利用上部的余热进行回火，以提高錾子的韧性。回火的温度可通过錾子表面颜色的变化来判断。为了看清回火时的温度变化，錾子从水中取出后应迅速擦去氧化皮，其刚出水时的颜色是白色，由于刃口的温度逐渐上升，颜色也按以下规律起变化：白色→黄色→红色→浅蓝色→深蓝色。当变成黄色时，把錾子全部浸入水中冷却，这种回火称为"黄火"；如果变成蓝色，则把錾子全部浸入水中冷却，这种回火称为"蓝火"。"黄火"回火的硬度比"蓝火"高些，但韧性较差；"蓝火"回火的硬度比较适中，故采用较多。

錾子热处理过程中，其温度较难掌握和判断，尤其是回火时的颜色不易看清，时间又短促，故必须认真观察和不断实践，才能逐渐掌握。

4. 錾子的刃磨

錾子切削部分的形状与角度直接影响到錾削的质量和工作效率，所以应正确刃磨。切削刃要与錾子的几何中心线垂直，且在錾子的对称平面上，并使切削刃十分锋利。为此，錾子的前面和后面必须磨得光滑平整，必要时，可在砂轮上刃磨后再在油石上精磨，可使切削刃既锋利又不易磨损。

錾子的刃磨方法如图 2-5-6 所示，双手握持錾子，在砂轮的轮缘上进行刃磨。刃磨时必须使切削刃略高于砂轮中心，并在砂轮全宽上做左右移动，一定要控制好錾子的位置、方向，保证所磨楔角符合使用要求；前后两面交替刃磨，要求对称；加在錾子上的压力不宜过大，左右移动要平稳、均匀，并经常蘸水冷却，防止退火；可采用样板检查或目测判断楔角是否符合要求。

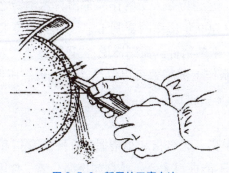

图 2-5-6 錾子的刃磨方法

5. 锤子

锤子，又称榔头，是钳工錾削和装拆零件的主要工具之一，由锤头和木柄组成，如图 2-5-7 所示。手锤一般分为硬头手锤和软头手锤两种。软头手锤的锤头一般由铅、铜、硬木、牛皮或橡胶制成，多用于装配工作中。

图 2-5-7　锤子

錾削用的手锤是硬头手锤，其锤头用碳素工具钢或合金工具钢锻成，锤头两端经淬硬处理。硬头手锤的规格用锤头的质量来表示。锤头的形状有圆头和方头两种。木柄选用硬而不脆的木材制成，如檀木等，常用的木柄长度为 350 mm；手握处的断面应为椭圆形，以便于锤头定向，准确敲击。木柄安装在锤头中必须稳固可靠，装木柄的孔应做成椭圆形，且两端大、中间小，将木柄敲紧在孔中后，再在端部打入带倒刺的楔子，就不易松动了，可防止锤头脱落而造成事故。

二、錾削方法

◎ 3 000 年传承

孟剑锋 2015 年被评为首批国家级"大国工匠"，是工艺美术界唯一获评的"大国工匠"，如图 2-5-8 所示，现任北京工美集团旗下北京握拉菲首饰有限公司高级技师，从事工艺美术行业 28 年。APEC 会议国礼《和美》纯银錾刻丝巾果盘、"一带一路"峰会国礼《梦和天下》首饰盒套装、北京冬奥徽宝、"两弹一星"科学家功勋奖章、"神舟"系列航天英雄奖章，这些巧夺天工的作品都出自孟剑锋之手。他的一双手，布满了老茧，却传承着有近 3 000 年历史的錾刻工艺。对手艺追求极致，这也是孟剑锋从他师傅那代人身上传承下来的精神。孟剑锋说："我师傅那代人才是真正的工匠，对工艺要求非常严谨，工艺制作上的精致可以说已达到极致。所谓精益求精、追求极致，就是坚持。"

1. 錾子握法

錾子主要用左手的中指、无名指和小指握住，并与食指和大拇指自然接触，头部伸出 10 ~ 15 mm。錾子不能握得太紧，要自如松握。錾子常用的握法有正握法、反握法和立握法。

图 2-5-8　大国工匠——孟剑锋

（1）正握法

大拇指和食指夹住錾子，其余三指向手心弯曲握住錾子，不能太用力，应自然放松，錾子头部伸出 10 ~ 15 mm，如图 2-5-9（a）所示。这种方法主要用来錾削平面及夹在台虎钳上的工件，是钳工最常用的握錾子的方法。

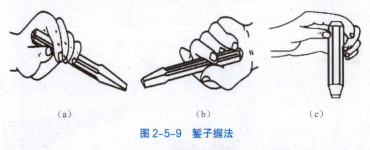

（a）　　　　　　　　　　　　（b）　　　　　　　　　　　　（c）

图 2-5-9　錾子握法

（a）正握法；（b）反握法；（c）立握法

（2）反握法

手心向上，手指自然握住錾身，手心悬空，头部伸出 10 ~ 15 mm，如图 2-5-9（b）所示。这种方法主要用来进行少量的錾削和侧面錾削。

（3）立握法

虎口向上，大拇指和食指自然接触，其余三指自然地握住錾子柄部，头部伸出10 ~ 15 mm，如图 2-5-9（c）所示。这种方法主要用来錾削板料和剔毛刺等。

2. 锤子的握法

锤子在敲击过程中手指的握法有两种：一种是用右手五指紧握锤柄，在挥锤和锤击过程中，五指始终紧握，这种握法叫紧握法，如图 2-5-10（a）所示；另一种握法是只用大拇指和食指始终握紧锤柄，在挥锤时，小指、无名指、中指则依次放松，锤击时又以相反的顺序收拢握紧，如图 2-5-10（b）所示，这种握法叫松握法，其优点是手不易疲劳，且锤击力大。

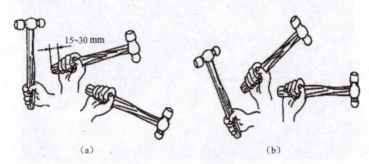

图 2-5-10　锤子的握法

（a）紧握法；（b）松握法

3. 挥锤方法

（1）腕挥

运动部位在腕部，锤击过程中手握锤柄，拇指放在食指上，食指和其他手指握紧手柄，如图 2-5-11（a）所示。腕挥用于錾削开始、结束及錾削油槽和小工件时，錾削力较小。一般錾削量：钢件为 0.05 ～ 0.75 mm，铸铁件为 1 ～ 1.5 mm。

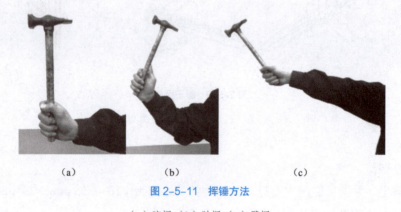

图 2-5-11　挥锤方法

（a）腕挥；（b）肘挥；（c）臂挥

（2）肘挥

肘挥的挥锤方法与腕挥相同，手腕和肘部一起运动发力，如图 2-5-11（b）所示。这种方法锤击力大，应用非常广泛。一般錾削量：钢件为 1 ～ 2 mm，铸铁件为 2 ～ 3 mm。

（3）臂挥

臂挥的挥锤方法与腕挥相同，挥锤时，手腕、肘部和臂部一起挥动，锤与錾子头部距离大，挥动力大，易于疲劳。这种方法要求技术熟练、准确，锤击力大，应用较少。一般錾削量：钢件为 2 ~ 3 mm，铸铁件为 3 ~ 5 mm，如图 2-5-11（c）所示。

4. 錾削姿势

錾削与锯削的姿势基本一致，眼睛注视錾削处，以便观察錾削的情况，而不应注视锤击处，左手握錾使其在工件上保持正确的角度，右手挥锤使锤头沿弧线运动，进行敲击。

5. 起錾和终錾的方法

使用扁錾錾削平面时，每次錾削量为 0.5 ~ 2 mm。錾削量太少容易打滑，太多则錾削费力又不易錾平，因此錾削时必须掌握好起錾和终錾方法。

（1）起錾方法

在錾削平面时，应采用斜角起錾的方法，即先在工件的边缘尖角处将錾子向下倾斜，如图 2-5-12（a）所示。这时切削刃与工件的接触面积小，阻力不大，只需轻敲錾子就能很容易地錾出斜面，然后按正常錾削角度逐步向錾削方向錾削。錾削槽时，必须采用正面起錾的方法，即起錾时切削刃要紧贴工件錾削部位的端面，如图 2-5-12（b）所示。此时錾子头部仍向下倾斜，轻敲錾子錾出一条深痕，待錾子与工件起錾端面基本垂直时再按正常角度进行錾削。这样的起錾方法可避免錾子弹跳和打滑，还能较准确地控制錾削量。

在錾削过程中，一般每錾削两三次后，可将錾子退回一些，这样可随时观察錾削表面的平整情况，并可使手臂肌肉得到放松。

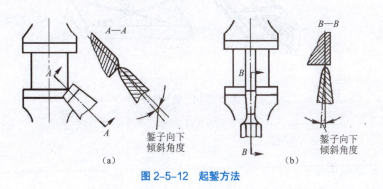

图 2-5-12　起錾方法

（2）终錾方法

当錾削快到尽头时，要防止工件边缘材料的崩裂，尤其是錾铸铁、青铜等脆性材料时特别要注意，当錾削至距尽头 10 ~ 15 mm 时，必须掉头再錾去余下的部分，如图 2-5-13 所示。

錾削较宽平面时，应先用狭錾在工件上錾若干条平槽，再用阔錾将剩余部分錾去，这样能避免錾子的切削部分两侧受工件的卡阻。

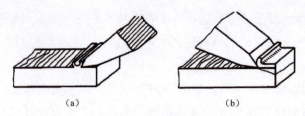

图 2-5-13　终錾方法

（a）掉头；（b）崩裂

6. 錾削油槽

油槽一般起储存和输送润滑油的作用，当用铣床无法加工油槽时，可用油槽錾錾削。錾油槽前，首先要根据油槽的断面形状对油槽錾的切削部分进行准确刃磨，再在工件表面准确划线，最后一次錾削成形；也可以先錾出浅痕，再一次錾削成形。

在曲面上錾槽，錾子的倾斜角度应随曲面变化而变化，以保持錾削时的后角不变，如图 2-5-14（a）所示；在平面上錾油槽，錾削方法基本上与錾削平面一样，如图 2-5-14（b）所示。錾削完毕后，要用刮刀或砂布等除去槽边的毛刺，使槽的表面光滑。

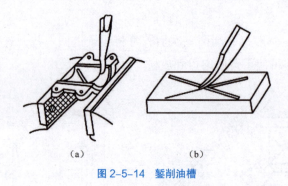

图 2-5-14　錾削油槽

（a）錾曲面油槽；（b）錾平面油槽

7. 板料的錾削方法

（1）在台虎钳上錾削

当工件不大时，将板料牢固地夹在台虎钳上，并使工件的錾削线与钳口平齐。为使切削省力，应用阔錾沿着钳口并斜对着板面（成 30°~45° 角）自右向左錾切，如图 2-5-15 所示。

（2）在铁砧或平板上錾削

当薄板的尺寸较大，不便在台虎钳上夹持时，应将它放在铁砧或平板上錾削，錾子应垂直于工作台。为避免碰伤錾子的切削刃，应在板料下面垫上废旧的软铁材料，如图 2-5-16 所示。

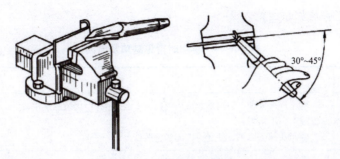

图 2-5-15 在台虎钳上錾削

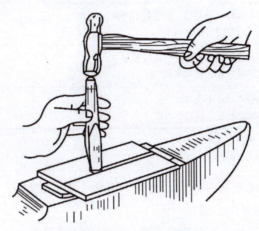

图 2-5-16 在铁砧上錾削

（3）用密集排孔配合錾削

当需要在板料上錾削较复杂零件的毛坯时，一般先按所划出的轮廓线钻出密集的排孔，再用阔錾或狭錾逐步錾去余料，如图 2-5-17 所示。

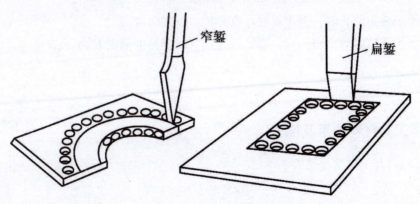

图 2-5-17 用密集排孔配合錾削

三、錾削时常见缺陷分析

錾削时常见缺陷及原因见表 2-5-1。

表 2-5-1 錾削时常见缺陷及原因

质量缺陷	产生原因
表面粗糙	1. 錾子淬火太硬、刃口崩裂或刃口已钝 (不锋利) 但仍继续使用； 2. 锤击力不均匀； 3. 錾子头部已锤平，使受力方向经常改变
錾削面 凹凸不平	1. 在錾削过程中，后角在一段过程中过大，造成錾面凹； 2. 在錾削过程中，后角在一段过程中过小，造成錾面凸
表面有梗痕	1. 左手未将錾子扶稳，而使数刃倾斜； 2. 錾子刃磨时刃口磨成中凹
崩裂或塌角	1. 要到尽头时未掉头錾，使棱角崩裂； 2. 起錾量太多，造成塌角
尺寸超差	1. 起錾时尺寸不准确； 2. 錾削时测量、检查不及时

◎ 錾削安全事项

1）錾子要经常刃磨以保持锋利，过钝的錾子不但錾削费力、錾出的表面不平整，而且易产生打滑现象而划伤手部。

2）錾子头部有明显的毛刺时要及时磨掉，以免伤到手。

3）发现手锤木柄有松动或损坏时，要立即装牢或更换，以免锤头脱落飞出伤人。

4）錾子头部、手锤头部和手锤木柄都不应沾油，以防滑出。

5）錾削碎屑要防止伤人，操作者必要时可戴上防护眼镜。

6）握锤的手不准戴手套，以免手锤飞脱伤人。

7）工作前，检查工作场所有无不安全因素，若有则及时排除。

8）錾削将近终止时，锤击要轻，以免用力过猛而碰伤手。

9）錾削疲劳时要适当休息，手臂过度疲劳时容易击偏伤人。

🔑【任务实施】

一、工具材料领用及准备

工具材料及工作准备见表 2-5-2。

表 2-5-2　工具材料及工作准备

1. 工具 / 设备 / 材料				
类别	名称	规格型号	单位	数量
设备	钳工操作台	—	台	40
	台虎钳	—	台	40
	划线方箱	—	个	10
	划线平台	—	个	10
工具	高度游标卡尺	300 mm	把	10
	游标卡尺	150 mm	把	10
	钢直尺	150 mm	把	10
	手锤	—	把	40
	扁錾	—	个	40
	软钳口	—	对	40
耗材	圆棒料	$\phi 30\ mm \times 25\ mm$	个	40
	划线涂料	—	升	1
	刷子	—	把	10
2. 工作准备				
（1）技术资料：教材、各种錾削工具使用说明书、工作任务卡				
（2）工作场地：有良好的照明、通风和消防设施等				
（3）工具、设备、材料：按"工具 / 设备 / 材料"栏目准备相关工具、设备和材料				
（4）建议分组实施教学。每 4 ~ 6 人为一组，每人需要 1 个工位、1 把手锤、1 个扁錾，通过分组讨论完成四方体錾削工作计划，并实施操作				
（5）劳动保护：规范着装，穿戴劳保用品、工作服				

二、工艺分析

1. 任务分析

如图 2-5-1 所示，分析可知，本任务是将余量较少的毛坯件通过錾削的方法来达到图样所需尺寸，所需錾削的是工件的 4 个侧面，两个基准面及两个大平面不需要加工，錾削完成后錾削表面达到平面度公差为 0.5 mm，面与面的垂直度公差为 0.6 mm，平行度公差为 0.6 mm，尺寸公差为 1 mm，表面粗糙度不作要求。

2. 錾削步骤

1）在圆棒料上划线，錾削加工界线清晰。

2）夹紧圆棒料端面，按划线一层一层錾削出平面，注意平面度和垂直度公差要求，尺寸达到 25 mm。

3）将工件翻转夹紧，以第一个錾削平面为基准，按划线錾削平行的第二个平面，注意平面度、垂直度以及平行度公差要求，尺寸达到 20 mm ± 1 mm。

4）工件夹持部位换成已加工表面，以第一个加工平面和端面为基准，按划线錾削第三个平面，注意平面度和垂直度公差要求，尺寸达到 25 mm。

5）将工件翻转夹紧，以第三个錾削平面为基准，按划线錾削第四个平面，注意平面度、垂直度以及平行度公差要求，尺寸达到 20 mm ± 1 mm。

6）检查，并做錾削修整。

3. 制订四方体錾削的工作计划

在执行计划的过程中填写执行情况表，如表 2-5-3 所示。

表 2-5-3　工作计划执行情况表

序号	操作步骤	工作内容	执行情况记录
1	圆棒料涂色	涂色	
2	划线	划出完整加工线	
3	圆棒料固定	在台虎钳上正确进行圆棒料夹紧	
4	錾削	錾削第一个平面	
5	加工一个平面棒料固定	翻转工件，在台虎钳上正确进行工件夹紧	
6	錾削	錾削第二个平面	
7	加工两面棒料固定	在台虎钳上夹持两个已加工平面，正确进行工件夹紧	
8	錾削	錾削第三个平面	
9	加工三面棒料固定	翻转工件，在台虎钳上正确进行工件夹紧	
10	錾削	錾削第四个平面	
11	检查并修整	进行全面检查，并做合理的錾削修整	

【实训报告】

一、实训任务书

课程名称	钳工综合实训		项目 2	钳工基本加工技能
任务 5	四方体錾削		建议学时	12
班级		学生姓名		工作日期	
实训目标	1.掌握錾削常用工具的基本知识；			

课程名称	钳工综合实训		项目2	钳工基本加工技能
任务5	四方体錾削		建议学时	12
班级		学生姓名	工作日期	
实训目标	2. 掌握錾削的安全文明生产操作规程； 3. 掌握錾削的基本知识； 4. 掌握錾削的基本操作技能			
实训内容	1. 制定四方体錾削工艺过程卡； 2. 正确完成四方体錾削操作			
安全与文明要求	1. 严格执行"7S"管理规范要求； 2. 严格遵守实训场所（工业中心）管理制度； 3. 严格遵守学生守则； 4. 严格遵守实训纪律要求； 5. 严格遵守钳工操作规程			
提交成果	完成四方体錾削、实训报告			
对学生的要求	1. 具备錾削及其常用工具的基本知识； 2. 具备錾削的基本操作能力； 3. 具备一定的实践动手能力、自学能力、分析能力，一定的沟通协调能力、语言表达能力和团队意识； 4. 执行安全、文明生产规范，严格遵守实训场所的制度和劳动纪律； 5. 着装规范（工装），不携带与生产无关的物品进入实训场所； 6. 完成四方体錾削和实训报告			
考核评价	评价内容：工作计划评价、实施过程评价、完成质量评价、文明生产评价等。 评价方式：由学生自评（自述、评价，占10%）、小组评价（分组讨论、评价，占20%）、教师评价（根据学生学习态度、工作报告及现场抽查知识或技能进行评价，占70%）构成该同学该任务成绩			

二、实训准备工作

课程名称	钳工综合实训		项目2	钳工基本加工技能
任务5	四方体錾削		建议学时	12
班级		学生姓名	工作日期	
场地准备描述				
设备准备描述				
工、量具准备描述				
知识准备描述				

三、工艺过程卡

产品名称		零件名称		零件图号		共　页	
材料		毛坯类型				第　页	
工序号		工序内容		设备名称			
				工具	夹具	量具	
抄写		校对		审核		批准	

四、考核评价表

考核项目	技术要求	分值	小组自评（10%）	小组互评（20%）	教师评价（70%）	实得分（Σ）
工艺过程（5%）	錾削步骤正确	5				
工具使用（15%）	涂色合理	2				
	划线准确	8				
	操作姿势正确	5				

续表

考核项目	技术要求	分值	小组自评 （10%）	小组互评 （20%）	教师评价 （70%）	实得分 （Σ）
完成质量 （60%）	錾削尺寸质量 20 mm ± 1 mm	10				
	平面度 0.5 mm	20				
	垂直度 0.6 mm	20				
	平行度 0.8 mm	10				
文明生产 （10%）	安全操作	5				
	工作场所整理	5				
相关知识及职 业能力 （10%）	錾削基本知识	2				
	自学能力	2				
	表达沟通能力	2				
	合作能力	2				
	创新能力	2				
总分（Σ）		100				

任务 6　六角螺母钻孔

【任务目标】

（1）能够详细阐述钻孔的基本原理；

（2）能够描述钻孔工具的基本构造；

（3）具备熟练使用钻孔工具的能力；

（4）具备正确进行钻孔操作的能力。

【任务描述】

如图 2-1-1 所示，根据六角螺母加工图，对六角螺母中心进行螺纹底孔的钻孔加工。要完成上述任务，必须熟练掌握标准麻花钻的结构、特点；掌握钻床的工作原理、结构性能及操作方法；熟悉麻花钻钻头切削角度对切削性能的影响。对由锉削工序转来的半成品件进行钻孔加工，注重钻孔的加工工艺及操作方法与步骤，同时加强产品的精度意识和安全、文明生产意识。

钻孔是钳工的重要操作之一，如图 2-6-1 所示，用钻头在实体材料上加工孔叫钻孔。各种零件的孔加工，除去一部分由车、镗、铣等机床完成外，很大一部分是由钳工利用钻床和钻孔工具（钻头、扩孔钻、铰刀等）完成的。在钻床上钻孔时，一般情况下，钻头应同时完成两个运动：主运动，即钻头绕轴线的旋转运动（切削运动）；辅助运动，即钻头沿着轴线方向对着工件的直线运动（进给运动）。钻孔时，加工精度一般在 IT10 级以下，表面粗糙度为 Ra 12.5 μm 左右，属粗加工。

图 2-6-1　钻孔

【任务解析】

（1）根据六角螺母加工图，分析钻孔步骤。

（2）熟悉钻床的性能、使用方法及钻孔时工件及钻头的装夹方法。

（3）掌握划线钻孔的方法，并能达到一定的精度。

（4）根据图纸正确进行钻孔加工。

（5）掌握标准麻花钻的修磨方法。

（6）能正确分析钻孔时出现的问题，做到安全、文明生产。

【相关知识】

一、钻孔设备

1. 台式钻床

台式钻床简称台钻，是一种放在台面上使用的小型钻床，如图 2-6-2 所示。台钻的钻孔直径一般在 15 mm 以下，使用台钻最小可以加工直径为十分之几毫米的孔。台钻主要应用于电器、仪表行业及一般机器制造业的钳工装配工作。

（1）台钻结构

台钻的布局形式与立钻相似，但结构较简单，如图 2-6-3 所示。因台钻的加工孔径很小，且主轴转速往往很高（在 400 r/min 以上），因此不宜在台钻上进行锪孔、铰孔和攻螺纹等操作。为保持主轴运转平稳，常采用 V 带传动，并由五级塔形带轮来进行速度变换。台钻主轴进给只有手动进给，一般都具有控制钻孔深度的装置。钻孔后，主轴能在涡圈弹簧的作用下自动复位。在钻孔时，若工件较小，则可直接放在工作台上钻孔；若工件较大，则应把工作台转开，直接放在钻床底座上钻孔。

图 2-6-2　台钻

图 2-6-3　台钻结构

1—底座；2—工作台；3—钻夹头；4—技术标牌；5—防水开关；6—LOGO 铭牌；7—防护罩；

8—行程开关；9—主机箱锁紧开关；10—纯电动机；11—操作手柄；12—立柱；13—工作台锁紧手柄；14—脚踏开关

（2）台钻操作

1）主轴转速的调整。

主轴需根据钻头直径和加工材料的不同，选择合适的转速。调整时应先停止主轴的运转，打开罩壳，用手转动带轮，并将 V 带挂在小带轮上，然后再挂在大带轮上，直至将 V 带挂到适当的带轮上为止。

2）工作台上下、左右位置的调整。

先用左手托住工作台，再用右手松开锁紧手柄，并摆动工作台使其向下或向上移动到所需位置，然后将锁紧手柄锁紧。

3）主轴进给位置的调整。

主轴的进给是靠转动进给手柄来实现的。钻孔前应先将主轴升降一下，以检查工件放置高度是否合适。

🎯 台钻使用维护注意事项

1）用压板压紧工件后再进行钻孔，当孔将要钻透时，要减少进给量，以防工件被甩出。

2）在钻孔时工作台面上不准放置工具、量具等物品，在钻通孔时须使钻头通过工作台面，并在刀孔或工件下面垫一垫块。

3）台钻的工作台面要经常保持清洁，使用完毕后须将台钻外露的滑动面和工作台面擦干净，并加注适量润滑油。

2. 立式钻床

立式钻床简称立钻，是应用较为广泛的一种钻床，如图 2-6-4 所示。其特点是主轴轴线垂直布置且位置固定。在钻孔时，为使刀具旋转中心线与被加工孔的中心线重合，必须移动工件才行。因此，立钻适用于加工中小型工件上的孔。

图 2-6-4　立钻

立钻的钻孔直径有 25 mm、35 mm、40 mm 和 50 mm 等不同规格，在工作时可以自动进给，主轴转速和进给量都有较大的变动范围。

（1）立钻结构

立钻主要由 7 个部件组成，如图 2-6-5 所示。

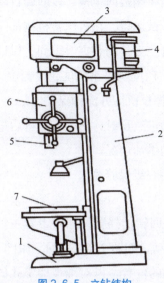

图 2-6-5 立钻结构

1—底座；2—床身；3—主轴变速器；4—电动机；5—主轴；6—进给变速箱；7—工作台

（2）立钻传动

立钻传动的主运动一般采用单速电动机经齿轮分级变速机构传动；主轴转动方向的变换是靠电动机的正反转来实现的；进给运动由主轴带动并与主运动共用一个动力源，进给运动传动链中的换置机构通常为滑移齿轮变速机构。

（3）立钻主轴转速和进给的调整

1）主轴转速的调整。

通常可根据钻头直径和工件材料来确定主轴转速，通过变速手柄用来变换转速，通过正反转手柄来控制主轴的正反转及停止。

2）工作台升降装置的调整。

通常可根据工件钻孔位置的高低，通过转动工作台升降手柄，使工作台上下移动进行调整。此外，还有一种立钻的工作台是圆形的，可围绕其圆柱形床身旋转。

3）主轴进给的调整。

主轴进给分自动进给和手动进给两种。当用自动进给时，应先确定进给量，再将两只进给手柄拨至所需位置，然后将端盖向外拉，并相对于手柄顺时针旋转 20°，使其处于自动进给位置；当用手动进给时，应将端盖相对于手柄逆时针旋转 20°，并向里推至原位。此时逆时针旋转手柄是进给，顺时针旋转手柄则是退出。

◎ 立钻的操作要领

1）在工作前按机床润滑要求加润滑油，检查手柄位置是否正常、导轨面有无杂物。

2）若不用自动进给，则须将端盖向里推，以断开自动进给的传动线路。

3）立钻使用前必须先空转试运行，在机床各机构都能正常工作时才可操作。

4）在钻孔时，工件、夹具、刀具的装夹要牢固，保证有良好的安全性。

5）钻孔加工完毕，应将手柄拨至停止挡位或空挡位，使工作台降至最低位置并断开电源，然后按机床清洁标准擦拭机床并涂油保护。

6）当变换主轴转速或机动进给量时，必须在停机后进行。

7）须经常检查润滑系统的供油情况。

8）维护保养内容参照立钻一级保养要求。

3. 摇臂钻床

摇臂钻床有一个能绕立柱回转的摇臂，摇臂带着主轴箱可沿立柱垂直移动，同时主轴箱还能在摇臂上做横向移动，如图 2-6-6 所示。由于摇臂钻床结构上的这些特点，在操作时能很方便地调整刀具的位置，以对准被加工孔的中心，而不需要移动工件来进行加工。因此，摇臂钻床适用于一些笨重的大工件及多孔工件的加工，它广泛地应用于单件或成批生产中。

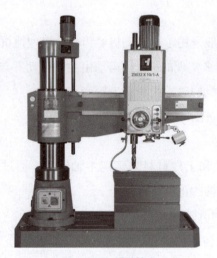

图 2-6-6　摇臂钻床

4. 钻头安装

（1）钻夹头

钻夹头属于机床附件的一种，其主要用于钻削时夹住钻头。钻夹头主要由钻夹套、松紧拨环、连接块以及后盖组成，如图 2-6-7 所示。扳手钻夹头由于是靠扳轮来拧紧夹头的，而扳轮是带加长力臂的锥齿轮，所以在拧紧的过程中，其可以起到增加力矩的作用，因此夹头的夹持力大。由于扳手钻夹头具有结构简单、零部件易加工、价格便宜、性能可靠等优点，所以应用广泛。

图2-6-7 钻夹头

（2）钻套

钻套主要用来确定钻头、扩孔钻、铰刀等定尺寸刀具的轴线位置。钻套的结构和尺寸已经标准化。根据使用特点，钻套有固定钻套、可换钻套、快换钻套和特殊钻套四种型式。钻套的意义在于它可以定位和引导刀具进行加工，从而提高加工的精度。

5. 钻孔辅助设备

（1）机用平口钳

机用平口钳又叫机用虎钳，是配合机床加工时用于夹紧加工工件的一种机床附件，如图2-6-8所示，在使用时，用扳手转动丝杠，通过丝杠螺母带动活动钳身移动，即可形成对工件的夹紧与松开。

图2-6-8 机用平口钳

机用平口钳的装配结构是可拆卸的螺纹连接和销连接的铸铁合体；活动钳身的直线运动是由螺旋运动转变的；其工作表面是螺旋副、导轨副及间隙配合的轴和孔的摩擦面。

机用平口钳设计结构简单紧凑，夹紧力度强，易于操作使用；其内螺母采用较强的金属材料制成，使夹持力更大；机用平口钳一般都会带有底盘，底盘带有 180° 刻度线，可以在 360° 平面内旋转。

（2）手虎钳

手虎钳又称手拿子、手用虎钳，它是专供夹持小型工件或薄片进行加工的一种手持工具，如图 2-6-9 所示。如锉削长而细的工件时，就须先用手虎钳将工件夹住，然后再放在台虎钳上进行加工，其同时也适用于夹持工件进行钻孔等工作。

图 2-6-9　手虎钳

手虎钳有普通手虎钳和带柄手虎钳两种。

1）普通手虎钳钳口的两个夹持面是不平行的；两钳体的尾部用销子连接在一起；在两个钳体的中间有一片形弹簧，以便使钳口处于张开状态；用螺栓穿过两钳体的孔眼，然后与翼形螺母连在一起，两钳口的合拢和张开是靠翼形螺母来实现的。

2）带柄手虎钳的结构与普通手虎钳稍有不同，其柄部是空心的，便于工件穿过；两个钳体中间没有弹簧装置，借两个钳体圆形尾端的弹性自动张开；两钳口的开口大小也是靠翼形螺母来调节的。

（3）三爪自定心卡盘

三爪自定心卡盘是利用均布在卡盘体上的三个活动卡爪的径向移动，把工件夹紧和定位的机床附件，如图 2-6-10 所示。

三爪自定心卡盘的三个卡爪是同步运动的，能自动定心，工件安装后一般不需要校正。但若工件较长，工件离卡盘较远部分的旋转中心不一定与机床主轴旋转中心重合，这时就需要对工件进行校正。当三爪自定心卡盘使用时间较长而精度下降，而工件的加工部位精度要求较高时，也需要进行校正。三爪自定心卡盘装夹工件方便、省时，但夹紧力较小，所以适用于装夹外形较规则的中小型零件，如圆柱形、正三边形、正六边形工件等。

图 2-6-10 三爪自定心卡盘

二、孔加工

1. 钻孔

钻孔是指用钻头在实体材料上加工出孔的方法。

（1）钻削运动

钻孔时，钻头与工件之间的相对运动称为钻削运动。

钻削运动主要由主运动和进给运动构成。

1）主运动。

钻孔时，钻头装在钻床主轴（或其他机械）上所做的旋转运动称为主运动，如图 2-6-11 所示。

2）进给运动。

钻孔时，钻头沿轴线方向的移动称为进给运动，如图 2-6-11 所示。

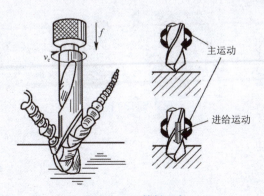

图 2-6-11 钻削运动

（2）钻削特点

1）钻削时，钻头是在半封闭的状态下进行切削的，转速高，切削用量大，排屑很困难。

2）摩擦较严重，需要较大的钻削力。

3）产生的热量多，而传热、散热困难，因此切削温度较高。

4）钻头高速旋转以及由此而产生的较高的切削温度，易造成钻头严重磨损。

5）钻削时的挤压和摩擦容易产生孔壁的冷作硬化现象，给下道工序增加困难。

6）钻头细而长，刚性差，钻削时容易产生振动及引偏。

7）加工精度低，尺寸精度只能达到 IT10 ~ IT11，表面粗糙度只能达到 $Ra25 ~ Ra100$ μm。

（3）钻削工具

💿 群钻

群钻是指将标准麻花钻的切削部分修磨成特殊形状的钻头。群钻是由中国人倪志福于 1953 年创造的，原名倪志福钻头，后经本人提议改名为"群钻"，寓群众参与改进和完善之意。倪志福于 1959 年出席全国群英会，被授予"全国先进生产者"称号；1986 年获联合国世界知识产权组织颁发的金质奖章和证书。2001 年 12 月，倪志福钻头获国家专利。群钻是把标准麻花钻的切削部分磨出两条对称的月牙槽，形成圆弧刃，并在横刃和钻心处经修磨形成两条内直刃，这样就将标准麻花钻的"一尖三刃"磨成了"三尖七刃"，如图 2-6-12 所示。群钻寿命可比标准麻花钻提高 2 ~ 3 倍，或可将生产率提高两倍以上。

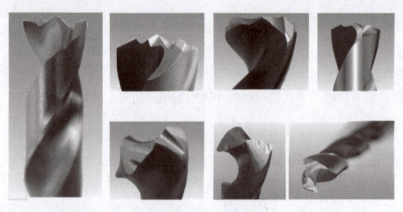

图 2-6-12 群钻

1）麻花钻。

①结构。

当麻花钻直径大于 6 mm 时，常制成焊接式。其工作部分一般用高速钢制成，淬火后的硬度可达 62 ~ 68 HRC。其柄部的材料一般采用 45 钢。麻花钻由柄部、颈部和工作部分构成，如图 2-6-13 所示。

　　a. 柄部是钻头的夹持部分，用来定心和传递动力，有锥柄式和直柄式两种。一般直径小于 13 mm 的钻头做成直柄式，直径大于 13 mm 的钻头做成锥柄式，因为锥柄式可传递较大的扭矩。

　　b. 颈部是为磨制钻头时供砂轮退刀用的，钻头的规格、材料和商标一般也刻印在颈部。

　　c. 工作部分又分为导向部分和切削部分。导向部分用来保持麻花钻工作时的正确方向，在钻头重磨时，导向部分逐渐变为切削部分而投入切削工作。导向部分有两条螺旋槽，其作用是形成切削刃（副切削刃）以及容纳和排除切屑，并且便于切削液沿螺旋槽输入。导向部分的外缘有两条棱带，它的直径略有倒锥（每 100 mm 长度内柄部减小 0.05 ~ 0.1 mm），这样既可以引导钻头切削时的方向，又能减小钻头与孔壁的摩擦。

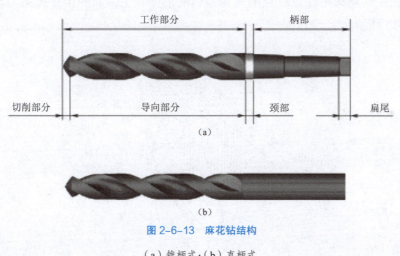

图 2-6-13　麻花钻结构

（a）锥柄式；（b）直柄式

　　标准麻花钻的切削部分由五刃（两条主切削刃、两条副切削刃和一条横刃）和六面（两个前刀面、两个后刀面和两个副后刀面）组成，如图 2-6-14 所示。麻花钻有两个刀瓣，每个刀瓣可看作是一把外圆车刀。两个螺旋槽表面是前刀面，切屑沿其排出。切削部分顶端的两个曲面称为后刀面，它与工件的过渡表面相对。钻头的棱带是与已加工表面相对的表面，称为副后刀面。前刀面和后刀面的交线称为主切削刃，两个后刀面的交线称为横刃，前刀面与副后刀面的交线称为副切削刃。

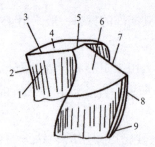

图 2-6-14　切削部分

1—前刀面；2，8—副切削刃；3，7—主切削刃；

4，6—后刀面；5—横刃；9—副后刀面

②辅助平面。

要想弄清麻花钻的切削角度，必须先确定表示切削角度的辅助平面——基准面（简称基面）、切削平面、主截面和柱截面的位置。

麻花钻主切削刃上任意一点的基面、切削平面和主截面的位置关系为相互垂直，如图 2-6-15 所示。

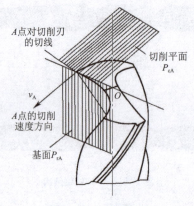

图 2-6-15　辅助平面

a. 基面。

切削刃上任一点的基面是通过该点并与该点切削速度方向垂直的平面，实际上是过该点与钻心连线的径向平面。由于麻花钻的两条主切削刃不通过钻心，而是相互平行并错开一个钻心厚度的距离，因此钻头主切削刃上各点的基面是不同的。

b. 切削平面。

麻花钻主切削刃上任一点的切削平面是由该点的切削速度方向与该点切削刃的切线所构成的平面。此时的加工表面可看成是一个圆锥面，钻头主切削刃上任一点的速度方向是以该点到钻心的距离为半径、以钻心为圆心所作圆的切线方向，也就是该点与钻心连线的垂线方向。标准麻花钻的主切削刃为直线，其切线就是钻刃本身。

c. 主截面。

通过主切削刃上任意一点并垂直于切削平面和基面的平面为主截面。

d. 柱截面。

通过主切削刃上任意一点作与钻头轴线平行的直线，该直线绕钻头轴线旋转所形成的圆柱面的切面即柱截面。

③切削角度。

标准麻花钻的切削角度如图 2-6-16 所示。

a. 前角 γ_0。

在主截面 N_1—N_1 或 N_2—N_2 内，前刀面与基面之间的夹角称为前角，如图 2-6-16 中的 γ_{01}、γ_{02} 所示。前刀面是一个螺旋面，由于沿主切削刃各点的倾斜方向不同，所以主切削刃各点的前角大小是不相等的。近外缘处的前角最大，一般为 30° 左右；自外缘向中心前角逐渐减小；在钻心 $D/3$ 范围内前角为负值；接近横刃处的前角为 -30°。前角的大小与螺旋角有关（横刃处除外），螺旋角越大，前角越大。

前角的大小决定了切除材料的难易程度和切屑在前刀面上的摩擦阻力大小，前角越大，切削越省力。

b. 后角 α_0。

在柱截面 O_1—O_1 或 O_2—O_2 内，后刀面与切削平面之间的夹角称为后角，如图 2-6-16 中的 α_{01}、α_{02} 所示。主切削刃上各点的后角是不相等的，外缘处后角较小，越接近钻心处后角越大。一般麻花钻外缘处的后角按钻头直径 D 的大小分为：$D<15$ mm，$\alpha_0=10° \sim 14°$；$D=15 \sim 30$ mm，$\alpha_0=9° \sim 12°$；$D>30$ mm，$\alpha_0=8° \sim 11°$。钻心处的后角为 20° ~ 26°，横刃处的后角为 30° ~ 36°。钻硬材料时为了保证刀刃强度，后角应适当小些，钻软材料时后角可适当大些，但钻有色金属材料时后角不能太大，否则会产生扎刀现象。扎刀是指钻头旋转时自动切入工件的现象，轻者使孔口损坏、钻头崩刃，重者使钻头扭断，甚至会把工件从夹具中拉出而造成事故。

c. 顶角 2φ。

麻花钻的顶角又称锋角或钻尖角，它是两条主切削刃在其平行平面 M—M 上投影之间的夹角。顶角的大小可根据加工条件在钻头修磨时决定。标准麻花钻的顶角为 118° ± 2°，这时两条主切削刃呈直线形；若 $2\varphi>118°$，则主切削刃呈内凹形；若 $2\varphi<118°$，则主切削刃呈外凸形。顶角的大小会影响主切削刃上轴向力的大小。顶角越小，轴向力越小，外缘处刀尖角 ε_r 越大，有利于散热和提高钻头寿命。但顶角减小后，在相同条件下钻头所受的切削扭矩增大，切削变形加剧，排屑困难，会妨碍冷却液的进入。

d. 横刃斜角 ψ。

横刃与主切削刃在钻头端面内的投影之间的夹角称为横刃斜角，它是在修磨钻头时自然形成的，其大小与后角、顶角的大小有关。标准麻花钻的横刃斜角 ψ 为 $50° \sim 55°$。当后角磨得偏大时，横刃斜角就会减小，而横刃的长度会增大。标准麻花钻横刃的长度 $b=0.18D$。

④缺点。

a. 横刃较长，横刃处前角为负值，在切削中横刃处于挤刮状态，会产生很大的轴向力，容易发生抖动，定心不准。根据试验，钻削时 50% 的轴向力和 15% 的扭矩是由横刃产生的，这是钻削中产生切削热的主要原因。

b. 主切削刃上各点的前角大小不同，使得各点的切削性能不同。由于靠近钻心处的前角是一个很大的负值，切削为挤刮状态，所以切削性能差，产生热量多，磨损严重。

c. 钻头的棱边较宽，副后角为 0°，靠近切削部分的棱边与孔壁的摩擦比较严重，容易发热和磨损。

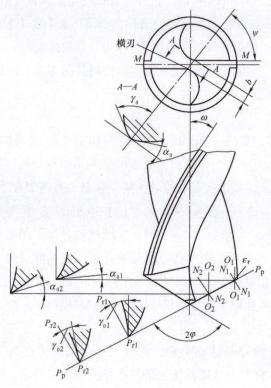

图 2-6-16　标准麻花钻的切削角度

d. 主切削刃外缘处的刀尖角较小，前角很大，刀齿薄弱，而此处的切削速度却最高，因此产生的切削热最多，磨损极为严重。

e. 主切削刃长，而且全宽参与切削，各点切屑流出速度的大小和方向相差很大，会加剧切屑变形，所以切屑卷曲成很宽的螺旋卷，容易堵塞容屑槽，致使排屑困难。

⑤钻头修磨。

为做到钻削不同的材料而达到不同的钻削要求，以及改进标准麻花钻存在的以上缺点，通常要对其切削部分进行修磨，以改善其切削性能。

a. 修磨横刃。

修磨横刃后，其长度为原来的 1/5 ～ 1/3，以减小轴向力和挤刮现象，提高钻头的定心作用和切削性能。同时，在靠近钻心处形成内刃，内刃斜角 τ =20° ～ 30°，内刃处前角 $\gamma_{0\tau}$=0° ～ 15°，切削性能得以改善。一般直径在 5 mm 以上的钻头均需修磨横刃，这是最基本的修磨方式，如图 2-6-17（a）所示。

b. 修磨主切削刃。

修磨主切削刃主要是磨出二重顶角 $2\varphi_0$=70° ～ 75°，在钻头外缘处磨出过渡刃 f_0=0.2D，以增大外缘处的刀尖角，改善散热条件，增强刀齿强度，提高切削刃与棱边交角处的耐磨性，延长钻头寿命，减小孔壁的残留面积，降低孔的表面粗糙度值，如图 2-6-17（b）所示。

c. 修磨棱边。

修磨棱边即在靠近主切削刃的一段棱边上磨出副后角 α_0'=6° ～ 8°，保留棱边宽度为原来的 1/3 ～ 1/2，以减小对孔壁的摩擦，延长钻头的使用寿命，如图 2-6-17（c）所示。

d. 修磨前刀面。

修磨主切削刃和副切削刃交角处的前刀面，磨去一块，如图 2-6-17（d）中阴影部位所示，这样可提高钻头强度。修磨前刀面后，钻削黄铜时还可避免切削刃过分锋利而引起扎刀现象。

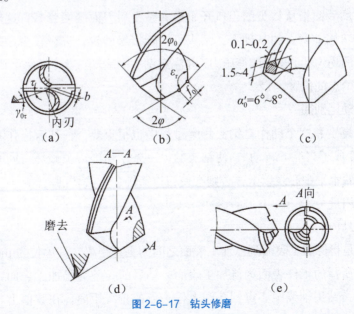

图 2-6-17 钻头修磨

（a）修磨横刃；（b）修磨主切削刃；（c）修磨棱边；（d）修磨前刀面；（e）修磨分屑槽

e. 修磨分屑槽。

修磨分屑槽即在两个后刀面上磨出几条相互错开的分屑槽，使切屑变窄，以利于排屑，如图 2-6-17（e）所示。直径大于 15 mm 的钻头都要修磨分屑槽。若钻头在制造时后刀面上已有分屑槽，则不必再开槽。

⑥修磨的方法。

应尽可能"少磨"，以提高钻头的利用率。拿到钻头后切忌盲目修磨，只有在修磨前摆放好位置，才能为下一步的"磨好"打实基础，这一步相当重要。

a. 刃口摆平轮面靠。

刃口摆平轮面靠是确定钻头与砂轮相对位置的第一步，切忌没有把刃口摆平就靠在砂轮上开始修磨。这里的"刃口"是指主切削刃，"摆平"是指使被修磨部分的主切削刃处于水平位置，"轮面"是指砂轮的表面，"靠"是指慢慢靠拢。此时钻头还不能接触砂轮。

b. 钻轴斜放出锋角。

钻轴斜放出锋角是指钻头轴线与砂轮表面之间的位置关系。锋角即顶角 $2\varphi=118° \pm 2°$ 的一半，约为 60°。这个位置很重要，直接影响钻头顶角大小及主切削刃形状和横刃斜角。

以上两点都是指钻头修磨前的相对位置，二者要统筹兼顾，不要为了摆平刃口而忽略了摆好斜角，或为了摆好斜角而忽略了摆平刃口。在实际操作中往往很容易出现这些错误。

c. 由刃向背磨后面。

由刃向背磨后面指从钻头的刃口开始沿着整个后刀面缓慢修磨，这样便于散热和修磨。在稳定巩固前两点的基础上，钻头可轻轻接触砂轮，进行较少量的修磨，修磨时要观察火花的均匀性，及时调整压力，并注意钻头的冷却。当冷却后重新开始修磨时，要继续摆好前两点的位置。

d. 上下摆动尾别翘。

上下摆动尾别翘这个动作在钻头修磨过程中也很重要，往往有操作者在修磨时把"上下摆动"变成了"上下转动"，使钻头的另一条主切削刃被破坏。同时钻头的尾部不能高翘于砂轮水平中心线以上，否则会使刃口磨钝，无法切削。

（2）钻削用量

1）背吃刀量 α_p。

背吃刀量是指待加工表面到已加工表面之间的垂直距离，其单位为 mm。对钻孔而言，钻头轴线所指的工件表面为待加工表面，钻后的孔壁为已加工表面，两表面的垂直距离具体是指钻头轴线中心点到孔圆上任一点的直线距离。在数值上，钻头的半径即为背吃刀量。应当注意，背吃刀量的含意不要与钻孔深度混用。在实体材料上钻孔时：

$$\alpha_p = d/2$$

式中　d——钻头的直径（mm）。

2）进给量 f_0。

进给量一般是指钻头转一转时在轴向移动的距离，其单位为 mm/r。由于钻头有两个主切削刃，即称两个刀齿，故进给量可以用每齿进给量来表示，其值为 $f/2$，单位是 mm/z。

3）切削速度 v_c（或称钻削速度）。

切削速度通常以钻头最大直径处的圆周速度来计算，其计算公式如下：

$$v_c = \frac{\pi dn}{60 \times 1\,000}$$

式中　v_c——钻削速度（m/s）；

　　　n——钻头转速（r/min）；

　　　d——钻头直径（mm）。

（3）钻削用量的选择

1）选择原则。

选择钻削用量的目的在于保证加工精度和表面质量，以及在保证刀具寿命的前提之下，尽可能使生产率最高，同时又不超过机床允许的功率及机床、刀具、工件等的强度和刚度的承受范围。

钻孔时，由于切削深度已由钻头直径所决定，所以只需要选择切削速度和进给量。切削速度和进给量对钻孔生产率的影响是相同的；切削速度对钻头寿命的影响比进给量大；进给量对孔的表面质量的影响比切削速度大。因此，钻孔时选择切削用量的基本原则是：在允许的范围内，尽量先选较大的进给量，当进给量受到孔表面质量和钻头刚度限制时，再考虑较大的切削速度。

2）选择方法。

①切削深度。

在钻孔过程中，可根据实际情况，先用（0.5 ~ 0.7）D 的钻头进行钻底孔加工，然后用直径为 D 的钻头将孔进行扩大加工。这样可以减小切削深度以及进给力，保护机床，同时提高钻孔质量。

②进给量。

当孔的加工精度要求较高，以及表面粗糙度值要求较小时，应选取较小的进给量；当钻孔深度较深、钻头较长、钻头的刚度和强度较差时，应选取较小的进给量。

③切削速度。

当钻头直径和进给量被确定后，钻削速度应按照钻头的寿命选取合理的数值。当钻孔的深度较深时，应选取较小的切削速度。

（4）钻孔的方法

钻孔的方法与生产规模有关。当需要大批量生产时，要借助于夹具来保证加工位置的正确；当需要单件、小批量生产时，要借助于划线来保证加工位置的正确。

1）在一般工件上钻孔。

钻孔前应把孔中心的冲眼用样冲再冲大一些，使钻头的横刃预先落入冲眼的锥坑中，这样钻孔时钻头不易偏离孔的中心。

①起钻。

钻孔时，应把钻头对准钻孔的中心，然后启动主轴，待转速正常后，手摇进给手柄慢慢起钻，待钻出一个浅坑时观察钻孔位置是否正确，如钻出的锥坑与所划的钻孔圆周线不同心，则应及时借正。

②借正。

如钻出的锥坑与所划的钻孔圆周线偏位较小，则可移动工件（在起钻的同时用力将工件向偏位的反方向推移）或钻床主轴（用摇臂钻床钻孔时）来借正；如偏位较大，则可在借正方向打上几个冲眼或用油槽錾錾出几条槽，以减小此处的钻削阻力，达到借正的目的。无论采用哪种方法借正，都必须在锥坑外圆小于钻头直径之前完成，这是保证达到钻孔位置精度的重要环节。如果起钻锥坑外圆已经达到钻孔直径而孔位仍然偏移，那么借正就困难了，这时只有用镗孔刀具才能把孔的位置借正。

③限位。

在钻不通孔时，可按所需钻孔深度调整钻床挡块的限位。当所需钻孔深度要求不高时，也可用表尺限位。

④排屑。

在钻深孔时，若钻头钻进深度达到钻头直径的 3 倍，钻头就要退出排屑一次，以后每钻进一定深度，钻头就要退出排屑一次。应避免连续钻进，否则会使切屑堵塞在钻头的螺旋槽内而折断钻头。

⑤手动进给。

通孔将要钻穿时，必须减小进给量，如果采用自动进给，则应改为手动进给。这是因为当钻心刚钻穿工件材料时，轴向阻力会突然减小，钻床进给机构的间隙和弹性变形会突然恢复，这将使钻头以很大的进给量自动切入，易造成钻头折断或钻孔质量降低等现象。此时应改用手动进给操作，以减小进给量，轴向阻力随之减小，钻头自动切入现象就不会发生了。起钻后若采用手动进给，则进给量也不能太大，否则会因进给用力不当而导致钻头弯曲，使钻孔轴线歪斜。

2）在圆柱形工件上钻孔。

在轴类或套类等圆柱形工件上钻与轴线垂直并通过圆心的孔，当孔的中心线与工件中心线的对称度要求较高时，钻孔前应在钻床主轴下放一块 V 形铁，以备搁置圆柱形工件。V 形铁的对称线与工件的钻孔中心线必须校正到与钻床主轴的中心线在同一条铅垂线上，然后在钻夹头上夹一个定心工具（圆锥体），并用百分表找正到 0.01 ~ 0.02 mm。接着调整 V 形铁，使之与圆锥体的角度彼此贴合，即得 V 形铁的正确位置。校正后把 V 形铁压紧固定，此时把工件放在 V 形铁的槽上，用角尺找正工件端面的钻孔中心线，并使其保持垂直，即得工件的正确位置。

使用压板压紧工件后，即可对准钻孔的中心试钻浅坑。试钻时观察浅坑是否与钻孔中心线对称，如不对称，则可借正工件后再试钻，直至对称为止，然后正式钻孔。使用这样的加工方法，可使孔的对称度不超过 0.1 mm。当孔的对称度要求不高时，可不用定心工具，而用钻头顶尖来找正 V 形铁的中心位置，接着用角尺找正工件端面的中心线，此时若钻头顶尖对准孔的中心，即可进行试钻，然后再正式钻孔。

3）在斜面上钻孔。

在斜面上钻孔时容易产生偏斜和滑移，如操作不当，还会使钻头折断。防止钻头折断的方法如下：

①在斜面的钻孔处先用立铣刀铣出或用錾子錾出一个平面，然后再划线钻孔。在斜面上铣出平面或錾出平面后，应先划线并用样冲定出中心，然后再用中心钻钻出锥坑或用小钻头钻出浅孔，当位置确定了之后才可用钻头钻孔。

②用圆弧刃多功能钻直接钻出。圆弧刃多功能钻是由标准麻花钻通过手工修磨而成的。因为它的形状是圆弧形，所以刀刃的各点半径上都有相同的后角（一般为 6° ~ 10°）。横刃经过修磨形成了很小的钻尖，加强了定心作用，这时钻头与一把铣刀相似。

圆弧刃多功能钻在斜面上钻孔时应低速手动进给。该钻头钻孔时虽单面受力，但由于刀刃是圆弧形，改变了切削的受力情况，钻头所受的径向分力要小一些，加上修磨后的横刃加强了定心作用，所以能保证钻孔的正确方向。

4）钻半圆孔。

钻半圆孔时容易产生严重的偏切削现象，可根据不同的加工材料和所使用的刀具分别采用以下方法来进行钻削。

①相同材料合起来钻。

当所钻的半圆孔在工件的边缘而材料形状为矩形时，可把两件合起来夹在台虎钳上一起钻孔；如果只加工一件，则可用一块相同的材料与工件合起来夹在台虎钳上一起钻孔。

②不同材料"借料"钻。

在装配过程中，有时需要在壳体（铸件）及其相配的衬套（黄铜）之间钻出骑缝螺钉孔。由于材料不同，故钻孔时钻头会向软材料一侧偏移，克服偏移的方法是在用样冲冲眼时使中心稍偏向硬材料，即钻孔开始阶段使钻头往硬材料一侧"借料"，以抵消因两种材料的切削阻力不同而引起的径向偏移，这样可使钻孔中心处于两个工件的中间。在使用钻夹头时，钻头伸出应尽可能短一些，以增强钻头的刚性；横刃要尽量磨得窄一些，以加强钻孔的定心，防止钻偏。钻骑缝螺钉孔也可以用圆弧刃多功能钻。

③使用半孔钻加工。

钻半圆孔时，可采用半孔钻加工。半孔钻是把标准麻花钻切削部分的钻心修磨成凹凸形而制成的，以凹为主，凸出两个外刀尖，使钻孔的切削表面形成凸筋，限制了钻头的偏移，因而可进行单边切削。钻孔时，宜采用低速手动进给。

（5）钻孔时的冷却和润滑

钻孔时，加工零件的材料和加工要求不同，所选用切削液的种类和作用就不同。钻孔一般属于粗加工，又是半封闭状态加工，摩擦严重，散热困难，故加切削液的目的应以冷却为主。

在高强度材料上钻孔时，钻头前刀面承受较大的压力，要求润滑膜有足够的强度，以减小摩擦和钻削阻力。因此，可在切削液中增加硫、二硫化钼等成分，如硫化切削油。

在塑性、韧性较大的材料上钻孔时，应加强润滑作用，可在切削液中加入适量的动物油和矿物油。

当孔的尺寸精度和表面精度要求很高时，应选用主要起润滑作用的切削液，如菜油、猪油等。

钻各种材料的工件所用的切削液可参考表 2-6-1 选用。

表 2-6-1　钻各种材料的工件所用的切削液

工件材料	切削液（体积分数）
各类结构钢	乳化液（3% ~ 5%），硫化乳化液（7%）
不锈钢、耐热钢	肥皂（3%）+ 亚麻油水溶液（2%），硫化切削油
纯铜、青铜、黄铜	不用切削液或用乳化液（5% ~ 8%）
有机玻璃	乳化液（5% ~ 8%），煤油
铝合金	不用切削液或乳化液（5% ~ 8%），煤油与菜油的混合油
铸铁	乳化液（5% ~ 8%），煤油

（6）钻孔常见缺陷分析

钻孔中常出现的缺陷及产生的原因见表 2-6-2。

表 2-6-2　钻孔中常出现的缺陷及产生的原因

出现的缺陷	产生的原因
孔径大于规定尺寸	1. 钻头两切削刃长度不等、高低不一致； 2. 钻床主轴径向偏摆或工作台未锁紧，有松动； 3. 钻头弯曲或装夹不好，使钻头有过大的径向圆跳动

续表

出现的缺陷	产生的原因
孔壁表面粗糙	1. 钻头两切削刃不锋利； 2. 进给量太大； 3. 切屑堵塞在螺旋槽内，擦伤孔壁； 4. 切削液不足或选用不当
孔的轴线歪斜	1. 钻孔平面与钻床主轴不垂直； 2. 工件装夹不牢，钻孔时产生歪斜； 3. 工件表面有气孔、砂眼； 4. 进给量过大，使钻头产生变形
孔不圆孔呈多棱形	1. 钻头两切削刃不对称； 2. 钻头后角过大
钻头寿命低或折断	1. 钻头磨损还继续使用； 2. 切削用量选择过大； 3. 钻孔时没有及时退屑，使切屑阻塞在钻头螺旋槽内； 4. 工件未夹紧，钻孔时产生松动； 5. 孔将钻通时没有减小进给量； 6. 切削液不足

（7）钻孔的安全、文明生产

1）操作钻床时不可戴手套，袖口必须扎紧，并戴好工作帽。

2）钻孔前检查钻床的润滑、调速是否良好，保持工作台面清洁，不准放置刀具、量具等物品。

3）操作者的头部不能太靠近旋转着的钻床主轴，停车时应让主轴自然停止，不能用手制动，也不能反转制动。

4）钻孔时不能用手和棉纱或用嘴吹来清除切屑，必须用毛刷清除，长切屑或切屑绕在钻头上时要用钩子钩去或停车清除。

5）严禁在开车状态下装拆工件，检验工件和变速必须在停车状态下完成。

6）清洁钻床或加注润滑油时，必须切断电源。

7）工件必须夹紧、夹牢。

8）开动钻床前，应检查钻钥匙或斜铁是否插在钻床主轴上。

2. 扩孔

扩孔是指用扩孔钻对工件上已有孔进行扩大的加工方法。扩孔时，切削深度 α_p 的计算公式为

$$\alpha_p = (D-d)/2$$

式中　D——扩孔后的直径（mm）；

　　　d——预加工孔的直径（mm）。

（1）特点

1）切削刃不必自外缘延续到中心，避免了横刃产生的不良影响。

2）钻孔时 α_p 大大减小，切削阻力小，切削条件得到显著改善。

3）α_p 较小，产生的切屑体积小，排屑容易。

（2）扩孔钻

由于扩孔的切削条件得到显著改善，所以扩孔钻的结构与麻花钻相比有较大不同。扩孔钻工作部分的结构如图 2-6-18 所示。

1）特点。

①中心不切削，没有横刃，切削刃只做成靠边缘的一段。

②由于扩孔产生的切屑体积小，无须大容屑槽，故扩孔钻可以加粗钻心，提高刚度，工作平稳。

③容屑槽较小，扩孔钻可做出较多的刀齿，增强导向作用，一般整体式扩孔钻为 3 ~ 4 齿。

④切削深度较小，切削角度可取较大值，使切削省力。

综上所述，扩孔的加工质量比钻孔高，一般尺寸精度可达 IT9 ~ IT10 级，表面粗糙度可达 $Ra6.3 ~ Ra25\mu m$，可作为孔的半精加工及铰孔前的预加工。扩孔的切削速度为钻孔的 1/2，进给量为钻孔的 1.5 ~ 2 倍。在生产中，一般用麻花钻代替扩孔钻使用。扩孔钻多用于成批大量生产。

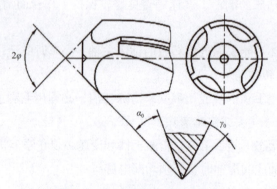

图 2-6-18　扩孔钻工作部分的结构

用麻花钻扩孔时，扩孔前的钻孔直径为孔径的 50% ~ 70%；用扩孔钻扩孔时，扩孔前的钻孔直径为孔径的 90%。

2）常见问题及其产生原因与解决方法。

用扩孔钻扩孔时的常见问题及其产生原因与解决方法见表 2-6-3。

表 2-6-3 用扩孔钻扩孔时的常见问题及其产生原因与解决方法

常见问题	产生原因	解决方法
孔径增大	扩孔时切削刃摆差大	修磨时保证摆差在允许范围内
	扩孔钻刃口崩刃	及时发现崩刃情况，更换刀具
	扩孔钻刃带上有切屑瘤	将刃带上的切屑瘤用油石修整到合格
	安装扩孔钻时，锥柄表面油污未擦干净或锥面有磕、碰伤	安装扩孔钻前，必须将扩孔钻锥柄及机床主轴锥孔内部的油污擦干净，锥面的磕、碰伤处用油石修光
孔表面粗糙	切削用量过大	适当降低切削用量
	切削液供给不足	切削液喷嘴对准加工孔口或加大切削液流量
	扩孔钻过度磨损	定期更换扩孔钻，修磨时把磨损区全部磨去
孔的位置精度超差	导向套配合间隙大	当位置公差要求较高时，导向套与刀具的配合要紧密些
	主轴与导向套同轴度误差大	校正机床与导向套的位置
	主轴轴承松动	调整主轴轴承间隙

3. 锪孔

锪孔是指用锪钻刮平孔的端面或切出沉孔的加工方法。锪孔的目的是保证孔端面与孔中心线的垂直度，使与孔连接的零件位置正确、连接可靠。锪孔时的进给量为钻孔的 2 ~ 3 倍，切削速度为钻孔的 1/3 ~ 1/2。精锪时可利用停车后的主轴惯性来锪孔，以减少振动而获得光滑表面。锪钢件时，应在导柱和切削表面加切削液润滑。

（1）形式

锪削可分为锪圆柱形沉孔、锪圆锥形沉孔和锪平孔口端面等几种形式，如图 2-6-19 所示。

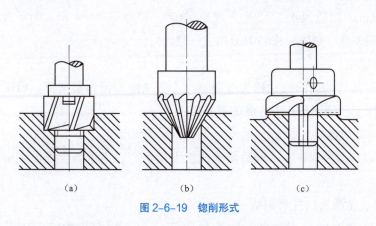

图 2-6-19 锪削形式

（a）锪圆柱形沉孔；（b）锪圆锥形沉孔；（c）锪平孔口端面

（2）锪钻

锪孔的工具是锪钻，包括柱形锪钻、锥形锪钻和端面锪钻三种。

1）柱形锪钻。

锪圆柱形埋头孔的锪钻称为柱形锪钻，如图 2-6-20 所示。柱形锪钻起主要切削作用的是端面刀刃，其螺旋槽的斜角就是它的前角（$\gamma_0 = \beta_0 = 15°$），其后角 $\alpha_0 = 8°$。柱形锪钻前端有导柱，导柱直径与工件上的孔为紧密的间隙配合，以保证良好的定心和导向。一般导柱是可拆的，也可把导柱和锪钻做成一体。

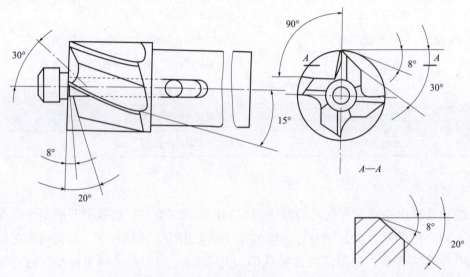

图 2-6-20　柱形锪钻

2）锥形锪钻。

锪锥形沉孔的锪钻称为锥形锪钻，如图 2-6-21 所示。锥形锪钻的锥角 2φ 按工件上沉孔锥角的不同有 60°、75°、90°、120° 四种，其中 90° 用得最多。锥形锪钻的直径为 12～60 mm，齿数为 4～12 个，前角 $\gamma_0 = 0°$，后角 $\alpha_0 = 4°～6°$。为了改善锥形锪钻钻尖处的容屑条件，每隔一齿将刀刃切去一块。

3）端面锪钻。

用来锪平孔口端面的锪钻称为端面锪钻。其端面刀齿为切削刃，前端导柱用来导向定心，以保证孔端面与孔中心线的垂直度。

（3）用麻花钻改磨的锪钻

标准锪钻有多种规格，一般适用于成批大量生产，不少场合都使用由麻花钻改磨的锪钻。

1）用麻花钻改磨的柱形锪钻。

用麻花钻改磨的柱形锪钻，前端导向部分与已加工孔为间隙配合；钻头直径为圆柱沉孔直径；导柱刃口需倒钝，以免刮伤孔壁；端面刀刃用锯片砂轮磨出后角 $\alpha_0 = 6° \sim 8°$。

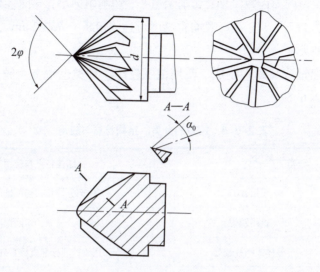

图 2-6-21 锥形锪钻

2）用麻花钻改磨锥形锪钻。

用麻花钻改磨的锥形锪钻，主要是保证其顶角 2φ 与要求的锥角一致，两切削刃要磨得对称；为减轻振动，一般磨成双重后角（$\alpha_0 = 6° \sim 10°$），对应的后刀面宽度为 $1 \sim 2$ mm，$\alpha_1 = 15°$；外缘处的前角应适当修整，$\gamma_0 = 15° \sim 20°$，以防扎刀。

（4）常见问题及其产生原因与解决方法

锪孔中常见问题及其产生原因与解决方法见表 2-6-4。

表 2-6-4 锪孔中常见问题及其产生原因与解决方法

常见问题	产生原因	解决方法
锥面、平面呈多角形	前角太大，有扎刀现象	减小前角
	锪削速度太高	降低锪削速度
	切削液选择不当	合理选择切削液
	工件或刀具装夹不牢固	重新装夹工件或刀具
	锪钻切削刃不对称	正确修磨
平面为凹凸形	锪钻切削刃与刀杆旋转轴线不垂直	正确修磨、安装锪钻
表面粗糙	锪钻几何参数不合理	正确修磨
	切削液选择不当	合理选择切削液
	刀具磨损	重新修磨

4. 铰孔

用铰刀从工件孔壁上切除微量金属层，以提高尺寸精度和降低表面粗糙度的加工方法称为铰孔。铰刀的刀齿数量多，切削余量小，切削阻力小，导向性好，加工精度高，一般尺寸精度可达 IT7 ~ IT9 级，表面粗糙度可达 $Ra0.8 \sim Ra3.2\ \mu m$。

（1）铰刀的种类

铰刀常用高速钢或高碳钢制成，使用范围较广，种类也很多。铰刀的分类、结构特点与应用见表 2-6-5。

表 2-6-5　铰刀的分类、结构特点与应用

分类			结构特点与应用
按使用方法	手用铰刀		工作部分较长，切削锥度较小
	机用铰刀		工作部分较短，切削锥度较大
按结构	整体式圆柱铰刀		用于铰削标准直径系列的孔
	可调式圆柱铰刀		用于单件生产和修配工作中需要铰削的非标准孔
按外部形状	直槽铰刀		用于铰削普通孔
	锥铰刀	1:10 锥铰刀	用于铰联轴器上与锥销配合的锥孔
		莫氏铰刀	用于铰削 0 ~ 6 号莫氏锥孔
		1:30 锥铰刀	用于铰削套式刀具上的锥孔
		1:50 锥铰刀	用于铰削圆锥定位销孔
	螺旋槽铰刀		用于铰削有键槽的内孔
按切削部分材料	高速钢铰刀		用于铰削各种碳钢或合金钢
	硬质合金铰刀		用于高速或硬材料的铰削

（2）铰削用量

铰削用量包括铰削余量、切削速度和进给量。

1）铰削余量。

铰削余量是指上道工序（钻孔或扩孔）完成后留下的直径方向的加工余量。

铰削余量不宜过大，否则会使刀齿切削负荷和变形增大、切削热增加、铰刀直径胀大、加工孔径扩大、被加工表面呈撕裂状态，从而使尺寸精度降低、表面粗糙度值增大，同时加剧铰刀磨损。

铰削余量也不宜太小，否则上道工序的残留变形难以纠正，原有刀痕不能被去除，

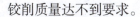

铰削质量达不到要求。

选择铰削余量时，应考虑加工孔径、材料软硬、尺寸精度、表面粗糙度要求及铰刀类型等综合因素的影响。

此外，铰削余量的确定与上道工序的加工质量有直接关系，对铰削上道工序加工孔所出现的弯曲、椭圆及表面粗糙等缺陷应有一定限制。铰削精度较高的孔时，必须经过扩孔或粗铰，才能保证最后的铰孔质量。因此，在确定铰削余量时还要考虑铰孔的工艺过程。

2）切削速度。

为了得到较小的表面粗糙度值，必须避免铰削时产生积屑瘤，减少切削热及减小变形，减轻铰刀的磨损，应选用较低的切削速度。当用高速钢铰刀铰削钢件时，$v \leqslant 8$ m/min；铰削铸铁件时，$v \leqslant 10$ m/min；铰削铜件时，8 m/min $\leqslant v \leqslant 12$ m/min。

3）进给量。

进给量大小要适当，过大则铰刀容易磨损，也会影响工件的加工质量；过小则很难切下金属材料，孔壁被挤压而产生塑性变形和表面硬化，同时形成凸峰，在后续工序中，当刀刃遇到凸峰时就会撕去大片切屑，使表面粗糙度值增大，同时加快铰刀磨损。

机铰钢件及铸铁件时，$f = 0.5 \sim 1$ mm/r；机铰铜件和铝件时，$f = 1 \sim 1.2$ mm/r。

在使用硬质合金铰刀时，进给量要小一些，以免刀片碎裂，且两条切削刃要磨得对称；在遇到工件表面不平整或铸件有砂眼时，要用手动进给，以免铰刀损坏。

（3）铰孔工作要点

1）工件要夹正、夹紧，但对薄壁零件的夹紧力不要过大，以防将孔夹扁。

2）手铰过程中，两手用力要平衡，旋转铰杠时不得摇摆，以保证铰削的稳定性，避免在孔的进口处出现喇叭口或使孔径扩大。铰削进给时，不要猛力压铰杠，只能随着铰刀的旋转轻轻加压于铰杠，使铰刀缓慢地引进孔内并均匀地进给，以保证较小的表面粗糙度值。

3）手铰过程中，如果铰刀被卡住，不能猛力扳转铰杠，此时应取出铰刀，清除切屑并检查铰刀。继续铰削时要缓慢进给，以防在原来卡住的地方再次卡住。

4）铰刀不能反转，退出时也要顺转。反转会使切屑扎在孔壁和铰刀的刀齿后刀面之间，将已加工的孔壁刮毛；同时也使铰刀容易磨损，甚至崩刃。

5）机铰时要在铰刀退出后才能停车，否则孔壁会有刀痕或拉毛。铰通孔时，铰刀的校准部分不能全部出头，否则孔的下端会被刮坏。

6）机铰时要注意调整铰刀与所铰孔的中心位置，要注意机床主轴、铰刀和工件孔三者之间的同轴度是否满足要求。当铰孔精度要求较高时，铰刀的装夹要采用浮动铰刀夹头，而不能采用普通的固定装夹方式。

（4）冷却和润滑

铰削的切屑细碎易黏附在刀刃上，甚至挤在孔壁与铰刀之间，从而刮伤加工表面，使孔径扩大。铰削时必须用适当的切削液冲掉切屑，以减小摩擦，降低工件和铰刀的温度，防止产生积屑瘤。铰孔时切削液的选用见表 2-6-6。

表 2-6-6　铰孔时切削液的选用

工件材料	切削液（体积分数）
钢	乳化液（10% ~ 20%）
	铰孔要求高时，采用菜油（30%）+ 肥皂水（70%）
	铰孔要求更高时，采用菜油、柴油、猪油等
铸铁	不用切削液
	煤油，但会引起孔径缩小，最大收缩量为 0.02 ~ 0.04 mm
	低浓度乳化液
铝	煤油
铜	乳化液

（5）常见问题及其产生原因

铰孔时，铰刀质量不好、铰削用量选择不当、切削液使用不当、操作疏忽大意等都会使产品出现问题而不符合质量要求。铰孔时常见问题及其产生原因见表 2-6-7。

表 2-6-7　铰孔时常见问题及其产生原因

常见问题	产生原因
表面粗糙度达不到要求	铰刀刃口不锋利或有崩刃，铰刀切削部分和校准部分粗糙
	切削刃上粘有积屑瘤或容屑槽内切屑黏结过多
	铰削余量太大或太小
	铰刀退出时反转
	切削液不充足或选择不当
	手铰时，铰刀旋转不平稳
	铰刀偏摆过大
孔径扩大	手铰时，铰刀偏摆过大
	机铰时，铰刀轴线与工件孔的轴线不重合
	铰刀未研磨，直径不符合要求
	进给量和铰削余量太大
	切削速度太高，使铰刀温度上升，直径增大

续表

常见问题	产生原因
孔径缩小	铰刀磨损后，尺寸变小但仍继续使用
	铰削余量太大，引起孔弹性复原而使孔径缩小
	铰削铸铁时加了煤油
孔呈多棱形	铰削余量太大或铰刀切削刃不锋利，使铰刀发生"啃切"而产生振动
	钻孔不圆使铰刀发生弹跳
	机铰时，钻床主轴振摆太大
孔轴线不直	预钻孔孔壁不直，铰削时未能使原有弯曲度得以纠正
	铰刀主偏角太大，导向不良，使铰削方向发生偏歪
	手铰时，两手用力不均

【任务实施】

一、工具材料领用及准备

工具材料及工作准备见表 2-6-8。

表 2-6-8　工具材料及工作准备

1. 工具 / 设备 / 材料				
类别	名称	规格型号	单位	数量
设备	钳工操作台	—	台	40
	台虎钳	—	台	40
	划线方箱	—	个	10
	划线平台	—	个	10
	台钻	ST-16	台	4
	平口钳	—	把	4
工具	高度游标卡尺	300 mm	把	10
	游标卡尺	150 mm	把	10
	钢直尺	150 mm	把	10
	手锤	—	把	10
	样冲	—	个	10
	划针	—	个	10

类别	名称	规格型号	单位	数量
工具	锉刀	—	把	10
	软钳口	—	对	40
耗材	锉削后六角螺母半成品	—	个	40
	钻头	ϕ10.2 mm	支	4
	划线涂料	—	升	1
	刷子	—	把	10
	长柄刷	—	把	4

2. 工作准备

（1）技术资料：教材、各种孔加工工具使用说明书、工作任务卡

（2）工作场地：有良好的照明、通风和消防设施等

（3）工具、设备、材料：按"工具 / 设备 / 材料"栏目准备相关工具、设备和材料

（4）建议分组实施教学。每 4～6 人为一组，需要 4 台台钻，通过分组讨论完成六角螺母钻孔工作计划，并实施操作

（5）劳动保护：规范着装，穿戴劳保用品、工作服

二、工艺分析

1. 任务分析

如图 2-1-1 所示，分析可知，本任务是为六角螺母 M12 内螺纹加工底孔，内螺纹为通螺纹，用丝锥进行攻螺纹加工，底孔也为通孔。

攻螺纹时，丝锥在切削金属的同时还伴随较强的挤压作用。因此，金属产生塑性变形形成凸起部分并挤向牙尖，使切削处螺纹的小径小于底孔直径。此时，若丝锥牙底与底孔之间没有足够的容屑空间，容易将丝锥箍住，甚至折断丝锥，这种现象在加工塑性较大的材料时将更为严重。因此，攻螺纹前的底孔直径应大于丝锥的小径，但底孔直径又不宜过大，否则会使螺纹牙型高度不够，降低强度。

底孔直径大小的确定，需考虑工件材料塑性的大小及钻孔的扩张量，可根据经验公式计算或者查表 2-7-2 得到。

脆性材料（铸铁、青铜等）：

$$底孔直径 = 公称直径 - 1.1 \times 螺距$$

塑性材料（钢、纯铜等）：

$$底孔直径 = 公称直径 - 螺距$$

2. 钻孔步骤

1）确定底孔直径，并准确选择合适的钻头规格。

2）在半成品工件上划线，并正确确定圆心，正确打样冲眼。

3）进行台钻的检查和调整，正确安装钻头。

4）准确安装、固定工件。

5）正确进行钻孔加工。

6）进行检查，并去除毛刺。

3. 制订六角螺母钻孔的工作计划

在执行计划的过程中填写执行情况表，见表 2-6-9。

表 2-6-9　工作计划执行情况

序号	操作步骤	工作内容	执行情况记录
1	确定孔直径	正确确定螺纹底孔直径	
2	划线	正确确定圆心，并正确打样冲眼	
3	台钻检查和调整	对台钻进行检查和调整，保证符合加工要求	
4	安装钻头	正确选择钻头规格，并进行安装	
5	固定工件	正确安装、固定工件	
6	试钻	正确进行试钻，如果有偏差，进行的调整	
7	钻孔	正确进行钻孔操作	
8	检查	检查，并去除毛刺	

【实训报告】

一、实训任务书

课程名称	钳工综合实训		项目 2	钳工基本加工技能
任务 6	六角螺母钻孔		建议学时	8
班级		学生姓名	工作日期	
实训目标	1. 掌握孔加工常用工具的基本知识； 2. 掌握孔加工的安全文明生产操作规程； 3. 掌握孔加工的基本知识； 4. 掌握孔加工的基本操作技能			
实训内容	1. 制定六角螺母钻孔工艺过程卡； 2. 正确完成六角螺母钻孔操作			

课程名称	钳工综合实训		项目 2	钳工基本加工技能
任务 6	六角螺母钻孔		建议学时	8
班级		学生姓名	工作日期	
安全与文明要求	1. 严格执行"7S"管理规范要求； 2. 严格遵守实训场所（工业中心）管理制度； 3. 严格遵守学生守则； 4. 严格遵守实训纪律要求； 5. 严格遵守钳工操作规程			
提交成果	完成六角螺母钻孔、实训报告			
对学生的要求	1. 具备孔加工及其常用工具的基本知识； 2. 具备孔加工的基本操作能力； 3. 具备一定的实践动手能力、自学能力、分析能力，一定的沟通协调能力、语言表达能力和团队意识； 4. 执行安全、文明生产规范，严格遵守实训场所的制度和劳动纪律； 5. 着装规范（工装），不携带与生产无关的物品进入实训场所； 6. 完成六角螺母钻孔和实训报告			
考核评价	评价内容：工作计划评价、实施过程评价、完成质量评价、文明生产评价等。 评价方式：由学生自评（自述、评价，占 10%）、小组评价（分组讨论、评价，占 20%）、教师评价（根据学生学习态度、工作报告及现场抽查知识或技能进行评价，占 70%）构成该同学该任务成绩			

二、实训准备工作

课程名称	钳工综合实训		项目 2	钳工基本加工技能
任务 6	六角螺母钻孔		建议学时	8
班级		学生姓名	工作日期	
场地准备描述				
设备准备描述				
工、量具准备描述				
知识准备描述				

三、工艺过程卡

产品名称		零件名称			零件图号			共　页		
材料		毛坯类型						第　页		
工序号		工序内容			设备名称					
					工具		夹具		量具	
抄写		校对		审核			批准			

四、考核评价表

考核项目	技术要求	分值	小组自评（10%）	小组互评（20%）	教师评价（70%）	实得分（Σ）
工艺过程（5%）	钻孔步骤正确	5				

考核项目	技术要求	分值	小组自评（10%）	小组互评（20%）	教师评价（70%）	实得分（Σ）
工具使用（60%）	台钻调试	3				
	涂色合理	2				
	冲眼准确	5				
	台钻操作正确	25				
	钻头选择正确	5				
	钻头安装正确	10				
	工件装夹正确	10				
完成质量（15%）	孔直径 10.2 mm ± 0.3 mm	10				
	去除毛刺	5				
文明生产（10%）	安全操作	5				
	工作场所整理	5				
相关知识及职业能力（10%）	孔加工基本知识	2				
	自学能力	2				
	表达沟通能力	2				
	合作能力	2				
	创新能力	2				
总分（Σ）		100				

任务 7　六角螺母攻螺纹

【任务目标】

（1）能够详细阐述攻螺纹的基本原理；

（2）能够描述攻螺纹工具的基本构造；

（3）具备熟练使用攻螺纹工具的能力；

（4）具备正确进行攻螺纹操作的能力。

【任务描述】

如图 2-1-1 所示，根据六角螺母加工图，对六角螺母内螺纹进行攻螺纹加工。要完成上述任务，必须熟练掌握丝锥、铰杠的种类、结构、特点和使用；掌握攻螺纹的基本知识及其操作要领；正确分析产生废品的原因及预防方法，做到安全文明生产。

螺纹被广泛应用于各种机械设备、仪器仪表中，作为连接、紧固、传动、调整的一种形式。用丝锥在工件孔中切削出内螺纹的加工方法称为攻螺纹（又称攻丝），如图 2-7-1 所示。在单件小批生产中采用手动攻螺纹；大批量生产中则多采用机动（在车床或钻床上）攻螺纹。

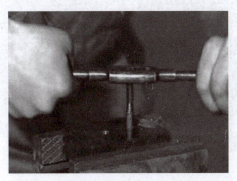

图 2-7-1 攻螺纹

🔖【任务解析】

（1）根据六角螺母加工图，分析攻螺纹步骤。

（2）掌握攻螺纹底孔直径的确定方法。

（3）掌握攻螺纹的动作要领及操作方法。

（4）根据图纸正确进行攻螺纹加工。

（5）能正确分析攻螺纹时出现的问题，做到安全、文明生产。

🔖【相关知识】

一、螺纹

◎飞机上螺纹连接

螺纹连接主要应用于飞机主要承力结构部位的连接。在飞机大部件对接，如机翼与机身的对接多采用高强度的重要螺栓；还有一些需要经常或定期拆卸的结构，如可卸壁板、口盖、封闭结构的连接，以及易损结构件，如前缘、翼尖等的连接，广泛采用托板螺母连接形式，能很好地解决工艺性、检查维修和便于更换的问题。飞机上受力螺纹连接：承受或传递空气动力、操作力、冲击力或加速度引起的比较大的载荷以及连接比较厚的工件。飞机上主要承受剪力或拉头的连接、蒙皮与部件骨架的连接以及骨架重要受力部位的连接等，都采用螺纹连接，这一类连接所用螺栓在现代轻型飞机上有 5 万多件，重型飞机上多达 40 万件。在飞机结构上的螺纹连接件中，除应用一般的普通螺栓外，对于抗疲劳要求高的结构部位，还可以使用高锁螺栓（见图 2-7-2）和锥形螺栓，如波音 747、DC-10、P-15 等飞机的主承受力结构部位上都有所应用。波音 747 上有高锁螺栓 4 万件、锥形螺栓 7 万件。此外，F-15 机身中段隔框的两半部连接也采用锥形螺栓，以确保振动时不致松动。

图 2-7-2　高锁螺栓

1. 螺纹的种类及用途

螺纹的种类及用途见表 2-7-1。

表 2-7-1　螺纹的种类及用途

螺纹种类	螺纹名称及代号			用途
标准螺纹	三角螺纹	普通螺纹	粗牙　M8–5g6g	用于各种紧固件、连接件，应用最广
			细牙　M8×1–6H	用于薄壁件连接或受冲击、振动及微调机构
		英制螺纹	3/16″	牙型有 55°、60° 两种，用于进口设备维修和备件制作
	管螺纹	55° 圆柱管螺纹	G3/4″22″	用于水、油、气和电线管路系统
		55° 圆锥管螺纹	ZG2″	用于管子、管接头、旋塞的螺纹密封及高温、高压结构
		60° 锥形螺纹	Z3/8″	用于气体或液体管路的螺纹连接
	梯形螺纹		Tr32×6–7H	用于传力或螺旋传动中
	锯齿形螺纹		S70×10	用于单向受力的连接
特殊螺纹	圆形螺纹			电器产品指示灯的灯头、灯座螺纹
	矩形螺纹			用于传递运动
	平面螺纹			用于平面传动

2.螺纹基本参数

螺纹主要由牙型、大径、螺距（或导程）、线数、旋向和精度六个基本要素组成，如图2-7-3所示。

（1）牙型

牙型是指螺纹轴线剖面上的螺纹轮廓形状，有三角形、梯形、锯齿形、圆形和矩形等。在螺纹牙型上，两相邻牙侧间的夹角为牙型角，牙型角有55°、60°、30°等。

（2）螺纹大径（D、d）

大径是指与外螺纹牙顶或内螺纹牙底相切的假想圆柱或圆锥的直径，即公称直径。

（3）线数（n）

线数是指一个螺纹上螺旋线的数量，分单线螺纹、双线螺纹或多线螺纹。

（4）螺距（P）和导程（P_h）

螺距是指相邻两牙在中径线上对应两点间的轴向距离。导程是同一条螺旋线上的相邻两牙在中径线上对应两点间的轴向距离。对于单线螺纹，螺距就等于导程；对于多线螺纹，导程等于螺距与螺纹线数的乘积，即$P_h=nP$。

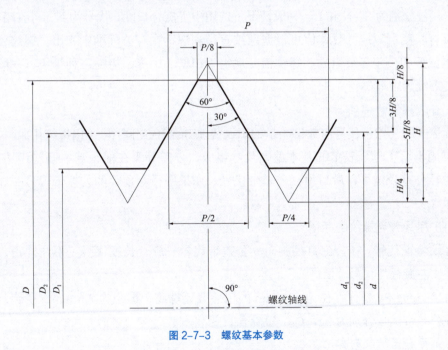

图2-7-3 螺纹基本参数

（5）旋向

旋向是指螺纹在圆柱面或圆锥面上的绕行方向，有左旋和右旋两种。顺时针旋转时旋入的螺纹为右旋螺纹；逆时针旋转时旋入的螺纹为左旋螺纹。螺纹的旋向一般用螺纹左右的高低来判别，如图 2-7-4 所示，右旋不标注，左旋标注代号"LH"。

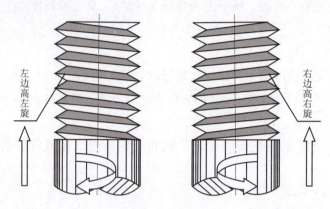

图 2-7-4　螺纹的旋向

（6）精度

螺纹精度按三种旋合长度规定了相应的若干精度级，用公差带代号表示。旋合长度是指内外螺纹旋合后接触部分的长度，分短旋合长度、中等旋合长度和长旋合长度三组，代号分别为 S、N 和 L。一般情况下选用中等旋合长度，代号为 N，可省略不标。各种旋合长度所对应的具体值可根据螺纹直径和螺距在有关标准中查出。螺纹公差带由基本偏差和公差等级组成。螺纹精度规定了精密、中等、粗糙三种等级，一般常用的精度等级为中等。

3. 普通螺纹的标记

标记中的公差带代号由数字表示的螺纹公差等级和拉丁字母（内螺纹用大写字母，外螺纹用小写字母）表示的基本偏差代号组成，公差等级在前，基本偏差代号在后，先写中径公差带代号，后写顶径公差带代号。如果中径和顶径的公差带代号一样，则只写一次。

（1）粗牙普通螺纹的标记

螺纹特征代号：M 公称直径旋向—公差带代号—旋合长度代号（不注螺距，右旋不标注，左旋标注代号"LH"）

M20-5g6g-S：公称直径为 φ20 mm 的粗牙普通螺纹，螺距为 2.5 mm，右旋，中径和顶径公差带代号分别为 5g、6g，短旋合长度。

4. 细牙普通螺纹的标记

螺纹特征代号：M 公称直径 × 螺距旋向—公差带代号—旋合长度代号（要注螺距，右旋不标注，左旋标注代号"LH"）。

M10×1LH-6H：公称直径为 φ10 mm 的细牙普通螺纹，螺距为 1 mm，左旋，中、顶径公差带代号均为 6H，中等旋合长度。

5.攻螺纹工具及辅具

（1）攻螺纹工具

1）丝锥。

①丝锥的种类。

丝锥按使用方法不同，可分为手用丝锥和机用丝锥两大类。手用丝锥是手工攻螺纹时用的一种丝锥，它常用于单件小批生产及各种修配工作中，一般由两支或三支组成一组，手用丝锥工作时的切削速度较低，其通常用 9SiCr、GCr9 钢制造。机用丝锥是通过攻螺纹夹头装夹在机床上使用的一种丝锥，它的形状与手用丝锥相仿，一般是单独一支，因机用丝锥攻螺纹时的切削速度较高，故常采用 W18Cr4V 高速钢制造。

丝锥按其用途不同可以分为普通螺纹丝锥、英制螺纹丝锥、圆柱管螺纹丝锥、圆锥管螺纹丝锥、板牙丝锥、螺母丝锥、校准丝锥及特殊螺纹丝锥等，其中普通螺纹丝锥、圆柱管螺纹丝锥和圆锥管螺纹丝锥是最常用的三种丝锥。

②丝锥的结构。

丝锥由工作部分和柄部组成，如图 2-7-5 所示。

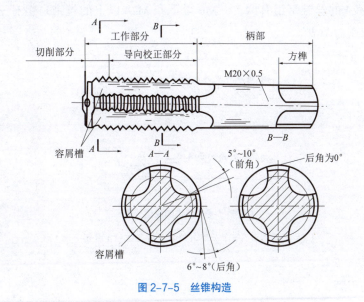

图 2-7-5 丝锥构造

工作部分包括切削部分和导向校正部分。切削部分磨出锥角，导向校正部分具有完整的齿形，柄部有方榫。

切削部分担负主要切削工作，沿轴向方向开有几条容屑槽，形成切削刃和前角，同时能容纳切屑。切削部分前端磨出锥角，使切削负荷分布在几个刀齿上，使切削省力，刀齿受力均匀，不易崩刃或折断，丝锥也容易正确切入。

导向校正部分有完整的齿形，用来导向校正已切出的螺纹，并保证丝锥沿轴向运动。导向校正部分有 0.05 ~ 0.12 mm/100 mm 的倒锥，以减小与螺孔的摩擦。

③丝锥的成组分配。

为了减少攻螺纹时的切削力和提高丝锥的使用寿命，可将攻螺纹时的整个切削量分配给几支丝锥来承担，切削量的分配有锥形分配和柱形分配两种形式。

a. 锥形分配（等径丝锥）。

每套丝锥的大径、中径、小径都相等，只是切削部分的长度及锥角不同。头锥的切削部分长度为（5 ~ 7）螺距，二锥切削部分长度为（2.5 ~ 4）螺距，三锥切削部分长度为（1.5 ~ 2）螺距，如图 2-7-6（a）所示。

b. 柱形分配（不等径丝锥）。

其头锥、二锥的大径、中径、小径都比三锥小。头锥、二锥的中径一样，大径不一样，头锥的大径小，二锥的大径大，如图 2-7-6（b）所示。柱形分配的丝锥，其切削量分配比较合理，使每支丝锥磨损均匀，使用寿命长，攻丝时较省力。同时因三锥的两侧刃也参加切割，所以螺纹表面质量较好，但攻丝时丝锥顺序不能搞错。

大于或等于 M12 的手用丝锥采用柱形分配，小于 M12 的手用丝锥采用锥形分配。通常 M6 ~ M24 的丝锥每组有两支，M6 以下和 M24 以上的丝锥每组有三支，细牙普通螺纹丝锥每组有两支。

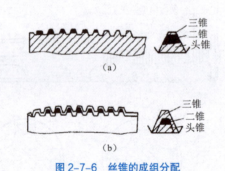

图 2-7-6　丝锥的成组分配

（a）等径丝锥（锥形分配）；（b）不等径丝锥（柱形分配）

④丝锥的刃磨。

当丝锥的切削部分发生磨损时，可刃磨其后刀面，如图 2-7-7 所示。刃磨时要注意保持各刀瓣的主偏角及切削部分长度的准确性和一致性。转动丝锥时要注意，不能使另一刀齿碰到砂轮而磨坏。当丝锥的校准部分发生磨损时，可刃磨其前刀面，磨损较少时，可用油石研磨前刀面，研磨时，在油石上涂一些机油；磨损较显著时，要用棱角修圆的片状砂轮来刃磨。

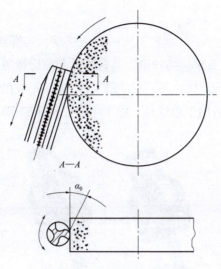

图 2-7-7   刃磨丝锥后刀面

2）铰杠。

铰杠是手工攻螺纹时用的一种辅助工具，用来夹持丝锥柄部方榫，带动丝锥进行旋转切削。铰杠分普通铰杠和丁字形铰杠两类，各种铰杠又分为固定式和活络式两种，如图 2-7-8 所示。

活络式铰杠可以调节方孔尺寸，故应用范围较广，常用的有 150 ~ 600 mm 共 6 种规格。铰杠根据丝锥大小进行选择，以便控制攻螺纹时的扭矩，防止因施力不当而扭断丝锥。

当攻带有台阶工件侧边的螺纹孔或攻机体内部的螺纹时，必须采用丁字形铰杠。小尺寸的丁字形铰杠有固定式和可调节式，可调节式铰杠中有一个四爪弹簧夹头，一般用以夹持 M6 以下的丝锥；大尺寸的丁字形铰杠一般都是固定式的，通常是按实际需要专门制作的。

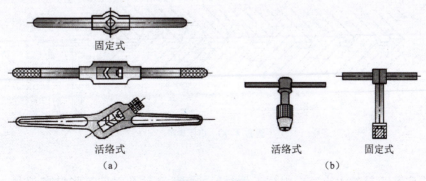

固定式

活络式
（a）

活络式   固定式
（b）

图 2-7-8   铰杠

（a）普通铰杠；（b）丁字形铰杠

3）保险夹头。

为了提高攻螺纹的生产率，减轻工人的劳动强度，当螺纹数量很大时，可在钻床上攻螺纹，通常用保险夹头来夹持丝锥，其柄体具有前后螺矩补偿装置；攻丝夹头带有扭力调节装置，能适应不同丝锥、不同材质的工件；减少断丝的概率，丝牙精度高；提高工作效率，降低成本。其适用于攻丝机、加工中心、铣床和车床等，如图 2-7-9 所示。

图 2-7-9　保险夹头

6.攻螺纹工艺及质量分析

（1）攻螺纹前底孔直径的确定

攻螺纹时，丝锥切削刃除起切削作用外，还对材料产生挤压，因此被挤压的材料在牙型顶端会凸起一部分，材料塑性越大，则挤出量越大，如图 2-7-10 所示。此时，如果丝锥刀齿根部与工件牙型顶端之间没有足够的间隙，丝锥就会被挤压出来的材料卡住，造成崩刃、折断和螺纹烂牙等，所以攻螺纹时底孔直径应比螺纹小径略大，这样挤出的材料流向牙尖可形成完整螺纹，又不易卡住丝锥。

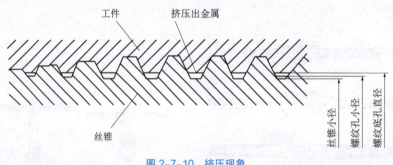

图 2-7-10　挤压现象

螺纹底孔直径的大小，应根据工件材料的塑性和钻孔时的扩张量来考虑，一般可按照经验公式来计算。

1）加工钢和塑性较大的材料及扩张量中等的条件下：

$$D_钻=D-P$$

式中　$D_钻$——螺纹底孔直径，mm；

　　　D——螺纹大径，mm；

　　　P——螺纹螺距，mm。

2）加工铸铁和塑性较小的材料及扩张量较小的条件下：

$$D_钻=D-（1.05 ～ 1.1）P$$

普通螺纹钻底孔的钻头直径也可以从表 2-7-2 中查得。

表 2-7-2　普通螺纹钻底孔的钻头直径

单位：mm

螺纹直径 D	螺距 P	钻头直径 d_0	
		铸铁、青铜、黄铜	钢、可锻铸铁、紫铜、层压板
2	0.4	1.6	1.6
	0.25	1.75	1.75
2.5	0.45	2.05	2.05
	0.35	2.15	2.15
3	0.5	2.5	2.5
	0.35	2.65	2.65
4	0.7	3.3	3.3
	0.5	4.5	4.5
5	0.8	4.1	4.2
	0.5	4.5	4.5
6	1	4.9	5
	0.75	5.2	5.2
8	1.25	6.6	6.7
	1	6.9	7
	0.75	7.1	7.2
10	1.5	8.4	8.5
	1.25	8.6	8.7
	1	8.9	9
	0.75	9.1	9.2

螺纹直径 D	螺距 P	钻头直径 d_0	
		铸铁、青铜、黄铜	钢、可锻铸铁、紫铜、层压板
12	1.75	10.1	10.2
	1.5	10.4	10.5
	1.25	10.6	10.7
	1	10.9	11
14	2	11.8	12
	1.5	12.4	12.5
	1	12.9	13
16	2	13.8	14
	1.5	14.4	14.5
	1	14.9	15
18	2.5	15.3	15.5
	2	15.8	16
	1.5	16.4	16.5
	1	16.9	17
20	2.5	17.3	17.5
	2	17.8	18
	1.5	18.4	18.5
	1	18.9	19

（2）攻螺纹底孔深度的确定

攻不通孔螺纹时，由于丝锥切削部分不能切出完整的牙型，所以钻孔深度要大于所需的螺孔深度，一般为

$$H_{钻} = h_{有效} + 0.7D$$

式中　$H_{钻}$——底孔深度，mm；

　　　$h_{有效}$——螺纹有效深度，mm；

　　　D——螺纹大径，mm。

（3）攻螺纹的方法

1）钻底孔。

根据螺纹公称直径，按有关公式计算确定底孔直径，并选用钻头钻底孔。

2）孔口倒角。

在螺纹底孔的孔口或通孔螺纹的两端都倒角，用90°锪钻倒角，倒角直径可略大于螺孔大径，这样可使丝锥在开始切削时容易切入，并可防止孔口的螺纹挤压出凸边。

3）装夹工件。

通常工件装夹在虎钳上攻螺纹，但较小的螺纹孔可一手握紧工件、一手使用铰杠攻螺纹。

4）选用合适铰杠。

按照丝锥柄部的方榫尺寸来选用铰杠。

5）攻头锥。

丝锥尽量放正，与工件表面垂直，用角尺检查，如图2-7-11所示。通过加切削液减少切削阻力和提高螺孔的表面质量，延长丝锥的使用寿命，一般用机油或浓度较高的乳化液，要求高的螺孔也可用菜油或二硫化钼等。

开始攻螺纹时，用手掌按住丝锥中心，适当施加压力并转动铰杠。开始切削时，两手要加适当压力，并按顺时针方向（右旋螺纹）将丝锥旋入孔内，当切削刃切进后，两手不要再加压力，只用平稳的旋转力将螺纹攻出，如图2-7-12所示。在攻螺纹时，两手用力要均衡，旋转要平稳，每旋转1/2～1周，将丝锥反转1/4周，以切断和排除切屑，防止切屑堵塞屑槽，造成丝锥损坏和折断，如图2-7-13所示。退出丝锥时，应使铰杠带动丝锥平稳地反转，避免因摇摆和振动而影响螺纹表面质量。

图2-7-11 检查丝锥垂直度

6）攻二锥、三锥。

头锥攻过后，再用二锥、三锥扩大及修光螺纹。攻二锥、三锥时必须先用手将丝锥旋进头攻已攻过的螺纹中，待其得到良好的引导后，再装上铰杠，按照上述方法完成攻螺纹。

（a）　　　　　　　　　　　　　　　（b）

图 2-7-12　起攻方法

（a）手掌按住铰杠中部；（b）攻入 1~2 周

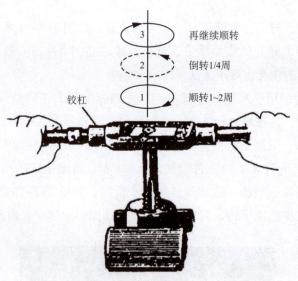

图 2-7-13　攻螺纹方法

⑦攻不通孔螺纹

攻不通孔螺纹时，要经常退出丝锥，排出孔中切屑；当要攻到孔底时，更应及时排出孔底积屑，以免攻到孔底丝锥被卡住。

（4）攻螺纹时的废品分析与防止方法

攻螺纹时的废品分析与防止方法见表 2-7-3。

表 2-7-3　攻螺纹时的废品分析与防止方法

废品形式	产生原因	防止方法
螺纹乱扣、断裂、撕破	底孔直径太小，丝锥攻不进，使孔口乱扣	认真检查底孔，选择合适的钻头将底孔扩大再攻
	头锥攻过后，攻二锥时旋转不正，头、二锥中心不重合	先用手将二锥旋入螺孔内，使头、二锥中心重合

续表

废品形式	产生原因	防止方法
螺纹乱扣、断裂、撕破	螺孔歪斜很多，而用丝锥强行"借正"仍借不过来	保持丝锥与底孔中心一致，操作中两手用力均衡，若偏斜太多，则不要强行借正
	低碳钢及塑性好的材料，攻螺纹时没用冷却润滑液	应选用冷却润滑液
	丝锥切削部分磨钝	将丝锥后角修磨锋利
螺孔偏斜	丝锥与工件端平面不垂直	起攻时要使丝锥与工件端平面成垂直，要注意检查与校正
	铸件内有较大砂眼	攻螺纹前注意检查底孔，如砂眼太大，则不易攻螺纹
	攻螺纹时两手用力不均衡，倾向于一侧	要始终保持两手用力均衡，不要摆动
螺纹高度不够	攻螺纹时底孔直径太大	正确计算与选择攻螺纹底孔直径与钻头直径

（5）攻螺纹时丝锥折断的原因及预防方法

攻螺纹时丝锥折断的原因及预防方法，如表 2-7-4 所示。

表 2-7-4 攻螺纹时丝锥折断的原因及预防方法

折断原因	预防方法
攻螺纹底孔太小	正确计算与选择底孔直径
丝锥太钝，工件材料太硬	刃磨丝锥后面，使切削刃锋利
丝锥铰杠过大，扭转力矩大，操作者手部感觉不灵敏，往往丝锥卡住仍感觉不到，继续扳动使丝锥折断	选择适当规格的铰杠，要随时注意出现的问题，并及时处理
没及时清除丝锥屑槽内的切屑，特别是韧性大的材料，切屑在孔中堵住	按要求反转断屑，及时排除或把丝锥退出清理切屑
韧性大的材料攻螺纹时没用冷却润滑液，工件与丝锥咬住	应选用冷却润滑液
丝锥歪斜单面受力太大	攻螺纹前要用角尺校正，使丝锥与工件孔保持同心
不通孔攻螺纹时，丝锥尖端与孔底相顶，仍旋转丝锥，使丝锥折断	应事先作出标记，攻螺纹中注意观察丝锥旋进深度，防止相顶，并及时消除切屑

【任务实施】

一、工具材料领用及准备

工具材料及工作准备见表 2-7-5。

表 2-7-5　工具材料及工作准备

1. 工具 / 设备 / 材料				
类别	名称	规格型号	单位	数量
设备	钳工操作台	—	台	40
	台虎钳	—	台	40
	划线方箱	—	个	10
	划线平台	—	个	10
	台钻	ST-16	台	4
	平口钳	—	把	4
工具	高度游标卡尺	300 mm	把	10
	游标卡尺	150 mm	把	10
	90° 刀口尺	—	把	10
	丝锥	M12	套	10
	铰杠	—	把	20
工具	整形锉	—	套	10
	90° 锪钻	$\phi14$ mm	支	4
	软钳口	—	对	40
耗材	钻底孔后的六角螺母半成品	—	个	40
	锉刀刷	—	把	10
	刷子	—	把	10
	长柄刷	—	把	4

2. 工作准备
（1）技术资料：教材、各种攻螺纹工具使用说明书、工作任务卡
（2）工作场地：有良好的照明、通风和消防设施等
（3）工具、设备、材料：按"工具 / 设备 / 材料"栏目准备相关工具、设备和材料
（4）建议分组实施教学。每 4 ~ 6 人为一组，需要 4 台台钻、10 套丝锥，通过分组讨论完成六角螺母攻螺纹工作计划，并实施操作
（5）劳动保护：规范着装，穿戴劳保用品、工作服

二、工艺分析

1. 任务分析

如图 2-1-1 所示，分析可知，本任务是为六角螺母 M12 内螺纹攻丝，内螺纹为通

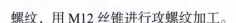

螺纹，用 M12 丝锥进行攻螺纹加工。

2. 攻螺纹步骤

1）检查钻孔后的六角螺母半成品是否符合攻螺纹的条件。

2）进行台钻的检查和调整，正确安装锪钻。

3）准确安装、固定工件。

4）为通孔两端进行锪孔倒角。

5）准确固定工件。

6）安装头锥。

7）进行起攻操作，并检查丝锥的垂直度。

8）进行头锥攻螺纹。

9）安装二锥、三锥。

10）进行二锥、三锥攻螺纹。

11）检查螺纹质量。

3. 制订六角螺母攻螺纹的工作计划

在执行计划的过程中填写执行情况表，如表 2-7-6 所示。

表 2-7-6　工作计划执行情况

序号	操作步骤	工作内容	执行情况记录
1	台钻检查和调整	对台钻进行检查和调整，保证符合加工要求	
2	安装锪钻	正确选择钻头规格，并进行安装	
3	固定工件	在台钻平口钳上正确安装、固定工件	
4	倒角	通孔两端进行锪孔倒角	
5	固定工件	在台虎钳上正确安装、固定工件	
6	安装头锥	选择合适规格铰杠，并正确安装、固定头锥	
7	起攻	进行起攻操作	
8	检查	检查丝锥的垂直度是否符合要求	
9	头锥攻螺纹	正确进行头锥攻螺纹操作	
10	安装二锥、三锥	选择合适规格的铰杠，并正确安装、固定二锥、三锥	
11	二锥、三锥攻螺纹	正确进行二锥、三锥攻螺纹操作	
12	检查	检查内螺纹质量	

【实训报告】

一、实训任务书

课程名称	钳工综合实训		项目 2	钳工基本加工技能
任务 7	六角螺母攻螺纹		建议学时	12
班级		学生姓名	工作日期	
实训目标	1. 掌握攻螺纹常用工具的基本知识； 2. 掌握攻螺纹的安全文明生产操作规程； 3. 掌握攻螺纹的基本知识； 4. 掌握攻螺纹的基本操作技能			
实训内容	1. 制定六角螺母攻螺纹工艺过程卡； 2. 正确完成六角螺母攻螺纹操作			
安全与文明要求	1. 严格执行"7S"管理规范要求； 2. 严格遵守实训场所（工业中心）管理制度； 3. 严格遵守学生守则； 4. 严格遵守实训纪律要求； 5. 严格遵守钳工操作规程			
提交成果	完成六角螺母攻螺纹、实训报告			
对学生的要求	1. 具备攻螺纹及其常用工具的基本知识； 2. 具备攻螺纹的基本操作能力； 3. 具备一定的实践动手能力、自学能力、分析能力，一定的沟通协调能力、语言表达能力和团队意识； 4. 执行安全、文明生产规范，严格遵守实训场所的制度和劳动纪律； 5. 着装规范（工装），不携带与生产无关的物品进入实训场所； 6. 完成六角螺母攻螺纹和实训报告			
考核评价	评价内容：工作计划评价、实施过程评价、完成质量评价、文明生产评价等。 评价方式：由学生自评（自述、评价，占 10%）、小组评价（分组讨论、评价，占 20%）、教师评价（根据学生学习态度、工作报告及现场抽查知识或技能进行评价，占 70%）构成该同学该任务成绩			

二、实训准备工作

课程名称	钳工综合实训		项目 2	钳工基本加工技能
任务 7	六角螺母攻螺纹		建议学时	12
班级		学生姓名	工作日期	
场地准备描述				
设备准备描述				
工、量具准备描述				

续表

课程名称	钳工综合实训		项目 2	钳工基本加工技能
任务 7	六角螺母攻螺纹		建议学时	12
班级		学生姓名	工作日期	
知识准备描述				

三、工艺过程卡

产品名称		零件名称		零件图号		共　页	
材料		毛坯类型				第　页	
工序号		工序内容		设备名称			
				工具	夹具	量具	
抄写		校对		审核		批准	

四、考核评价表

考核项目	技术要求	分值	小组自评（10%）	小组互评（20%）	教师评价（70%）	实得分（Σ）
工艺过程（5%）	攻螺纹步骤正确	5				
工具使用（60%）	台钻调试正确	5				
	台钻操作正确	5				
	钻头选择正确	5				
	钻头安装正确	5				
	工件装夹正确	10				
	丝锥安装正确	10				
	攻丝操作姿势正确	20				
完成质量（15%）	M12 螺纹牙型完整	15				
文明生产（10%）	安全操作	5				
	工作场所整理	5				
相关知识及职业能力（10%）	攻螺纹基本知识	2				
	自学能力	2				
	表达沟通能力	2				
	合作能力	2				
	创新能力	2				
总分（Σ）		100				

任务 8　螺杆套螺纹

【任务目标】

（1）能够详细阐述套螺纹的基本原理；

（2）能够描述套螺纹工具的基本构造；

（3）具备熟练使用套螺纹工具的能力；

（4）具备正确解析套螺纹操作的能力。

【任务描述】

如图 2-8-1 所示，根据螺杆加工图，对螺杆外螺纹进行套螺纹加工。要完成上述任务，必须熟练掌握板牙、铰杠的种类、结构、特点和使用；掌握套螺纹圆杆直径的确定方法、套螺纹的基本知识及其操作要领；正确分析、处理套螺纹中的常见问题，做到安全文明生产。

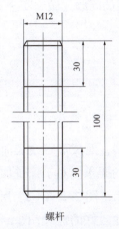

图 2-8-1 双头螺杆

用板牙在圆棒上切出外螺纹的加工方法称为套螺纹（又称套丝），如图 2-8-2 所示。单件小批生产中采用手动套螺纹，大批量生产中则多采用机动套螺纹。

图 2-8-2 套螺纹

【任务解析】

（1）根据螺杆加工图，分析攻螺纹步骤。

（2）掌握套螺纹底孔直径的确定方法。

（3）掌握套螺纹的动作要领及操作方法。

（4）根据图纸正确进行套螺纹加工。

（5）能正确分析套螺纹时出现的问题，做到安全、文明生产。

【相关知识】

一、套螺纹工具

⊘ 私人定制板牙

随着螺纹加工技术的不断发展，对成形螺纹表面质量的要求不断提高，螺纹工具以其高精度与长寿命来满足加工的要求。对于螺纹加工，通常可以根据加工的特殊要求定制专用板牙，如图 2-8-3 所示，图 2-8-3（a）所示板牙对于工件无法拆卸的状况下可以实现二次套丝或者清理已加工好的螺纹；图 2-8-3（b）所示板牙为切线式可调板牙；图 2-8-3（c）所示板牙为特殊双面钟形板牙，放置在中间部位可以实现两端螺纹同步加工；图 2-8-3（d）和图 2-8-3（e）所示板牙具有特殊形状的前端工作部位，保证了刀具空间极具限制的加工得以实现。

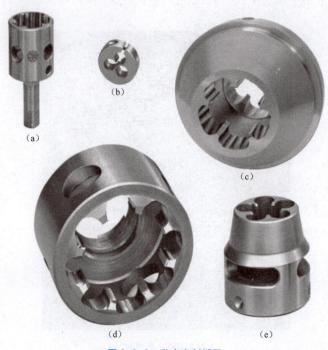

（a）　（b）　（c）　（d）　（e）

图 2-8-3　私人定制板牙

1. 板牙

（1）圆板牙

圆板牙是加工外螺纹的工具，由切削部分、校准部分和排屑孔组成，其外形像一个圆螺母，上面钻有几个排屑孔（一般 3 ~ 8 个孔，螺纹直径大则孔多）形成刀刃，如图 2-8-4 所示。

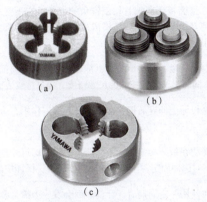

（a）

（b）

（c）

图 2-8-4 圆板牙种类

（a）调教式圆板牙；（b）滚丝式圆板牙；（c）固定式圆板牙

圆板牙两端的锥角部分是切削部分，中间一段是校准部分，也是套螺纹时的导向部分。圆板牙的校准部分因磨损会使螺纹尺寸变大而超出公差范围，为延长板牙的使用寿命，M3.5 以上的圆板牙，其外圆上面的 V 形槽如图 2-8-5 所示，可用锯片砂轮切割出一条通槽，此时 V 形通槽成为调整槽。圆板牙上面有两个调整螺钉的偏心锥坑，使用时可通过铰杠的紧定螺钉挤紧时与锥坑单边接触，使板牙孔径尺寸缩小，其调节范围为 0.1 ~ 0.25 mm。若在 V 形通槽开口处旋入螺钉，能使板牙孔径尺寸增大。圆板牙下部两个轴线通过板牙中心的锥坑，可用紧定螺钉将圆板牙固定在铰杠中，以传递转矩。

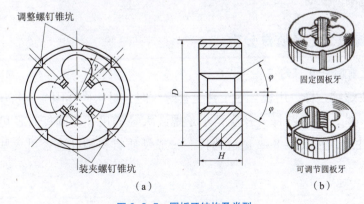

调整螺钉锥坑

装夹螺钉锥坑

固定圆板牙

可调节圆板牙

（a）

（b）

图 2-8-5 圆板牙结构及类型

（a）圆板牙结构；（b）类型

圆板牙是用合金工具钢或高速钢制作并经淬火处理而成的。圆板牙各结构的特点见表2-8-1。

表 2-8-1　圆板牙各结构的特点

结构名称	特点
切削部分	切削部分是圆板牙两端有切削锥角的部分。它不是一个圆锥面，而是一个经过铲磨而形成的阿基米德螺旋面，能形成后角。板牙两端都有切削部分，待一端磨损后可换另一端使用
校准部分	圆板牙中间一段是校准部分，也是套螺纹时的导向部分。校准部分可以引导板牙顺利完成切削，同时又能保证螺纹的尺寸精度，提高螺纹表面质量
排屑孔	排屑孔是板牙上的容屑槽，在切削时起容屑作用，防止板牙与工件之间因排屑不畅而发生堵塞
螺钉卡孔	圆板牙安装在板牙架上时，板牙架上的锁紧螺钉经拧紧卡配在螺钉卡孔中，从而使板牙的位置相对圆周固定，可以传递周向作用力，保证切削的正常进行
收缩槽	圆板牙在使用一定周期后，牙型表面会发生磨损，影响螺纹的加工精度。收缩槽可在外力作用下（锁紧螺钉拧紧力）使板牙直径收缩，从而延长板牙的使用

（2）管螺纹板牙

管螺纹板牙分圆柱管螺纹板牙和圆锥管螺纹板牙两类。圆柱管螺纹板牙与圆锥管螺纹板牙的基本结构和圆板牙相仿，不同的是圆锥管螺纹板牙在单面制成切削锥，只能单面使用，它的所有刀刃均参加切削，所以切削时很费力。

2. 板牙铰杠

板牙铰杠是手工套螺纹时的辅助工具，又称板牙架，在装夹板牙时使用，如图2-8-6所示。使用时，紧定螺钉将板牙紧固在铰杠中，并传递套螺纹时的扭矩。当使用的圆板牙带有V形调整槽时，调节上面两只紧定螺钉和调整螺钉，可使板牙螺纹直径在一定范围内变动。

二、套螺纹工艺及质量分析

1. 套螺纹前圆杆直径的确定

与丝锥攻螺纹一样，用板牙在工件上套螺纹时，材料同样因受到挤压而变形，牙顶将被挤高一些，因此圆杆直径应稍小于螺纹大径的尺寸。圆杆直径可根据螺纹直径和材料的性质，按表2-8-2进行选择。一般硬质材料圆杆直径可大些，软质材料可稍小些。

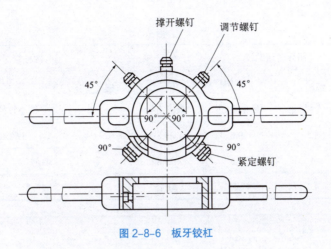

图 2-8-6 板牙铰杠

套螺纹前圆杆直径可用下式计算：

$$d_{\text{杆}}=d-0.13P$$

式中 $d_{\text{杆}}$——套螺纹前圆杆直径，mm；

　　　　d——外螺纹大径，mm；

　　　　P——螺距，mm。

表 2-8-2   板牙套螺纹前圆杆直径

粗牙普通螺纹				圆柱管螺纹		
螺纹直径 / mm	螺距 / mm	螺杆直径 /mm		螺纹直径 / in[①]	管子外径 /mm	
		最小直径	最大直径		最小直径	最大直径
M6	1	5.8	5.9	1/8	9.4	9.5
M8	1.25	7.8	7.9	1/4	12.7	13
M10	1.5	9.75	9.85	3/8	16.2	16.5
M12	1.75	11.75	11.9	1/2	20.5	20.8
M14	2	13.7	13.85	5/8	22.5	22.8
M16	2	15.7	15.85	3/4	26	26.3
M18	2.5	17.7	17.85	7/8	29.8	30.1
M20	2.5	19.7	19.85	1	32.8	33.1
M22	2.5	21.7	21.85	1⅛	37.4	37.7
M24	3	23.65	23.8	1¼	41.4	41.7
M27	3	26.65	26.8	1⅜	43.8	44.1

①   1 in=2.54 cm。

续表

粗牙普通螺纹				圆柱管螺纹		
螺纹直径 /mm	螺距 /mm	螺杆直径 /mm		螺纹直径 /in	管子外径 /mm	
		最小直径	最大直径		最小直径	最大直径
M30	3.5	29.6	29.8	1½	47.3	47.6
M36	4	35.6	35.8			
M42	4.5	41.55	41.75			

2. 套螺纹步骤和方法

（1）圆杆倒角

圆杆端部加工成 15°～20° 的倒角，使倒角小端直径小于螺纹小径。圆杆倒角形式如图 2-8-7 所示。

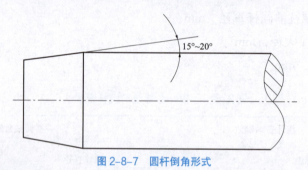

图 2-8-7　圆杆倒角形式

（2）圆杆夹持

由于套螺纹的切削力较大，且工件为圆杆，故套削时应用 V 形夹板或在钳口上加垫铜钳口，以保证装夹端正、牢固。

（3）套螺纹

用一只手的手掌按住铰杠中部，沿圆杆轴线方向加压用力，另一只手配合做顺时针旋转，动作要慢，压力要大，同时保证板牙端面与圆杆轴线垂直。在板牙切入圆杆 2 圈之前要及时进行校正；当板牙切入圆杆 3～4 圈时，两手同时平稳地转动铰杠，靠板牙螺纹自然旋进套螺纹，如图 2-8-8 所示。为了避免切屑过长，套螺纹过程中板牙应经常倒转。

（4）加切削液

在钢件上套螺纹时要加切削液，以延长板牙的使用寿命，保证螺纹的表面质量。

3. 套螺纹时产生废品的原因及预防方法

套螺纹时产生废品的原因及预防方法见表 2-8-3。

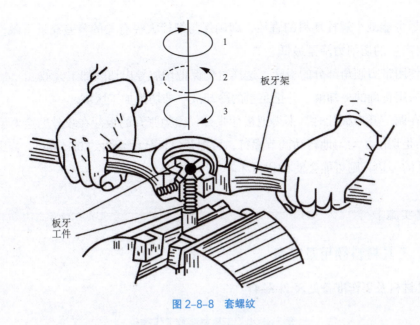

图 2-8-8　套螺纹

表 2-8-3　产生废品的原因及预防方法

废品形式	产生原因	预防方法
螺纹乱扣	低碳钢及塑性好的材料套螺纹时，没有冷却润滑液，螺纹被撕坏	按材料性质应用冷却润滑液
	套螺纹中没有反转割断切屑，造成切屑堵塞，啃坏螺纹	按要求反转，并及时清除切屑
	套螺纹圆杆直径太大	将圆杆加工至符合尺寸要求
	板牙与圆杆不垂直，由于偏斜太多又强行借正，造成乱扣	要随时检查和校正板牙与圆杆的垂直度，发现偏斜及时修整
螺纹偏斜和螺纹深度不均	圆杆倒角不正确，板牙与圆杆不垂直	按要求正确倒角
	两手旋转板牙架用力不均衡，摆动太大，使板牙与圆杆不垂直	起削要正，两手用力要保持均衡，使板牙与圆杆保持垂直
螺纹太瘦	扳手摆动太大，由于偏斜多次借正，使螺纹中径小了	要握稳板牙架，旋转套螺纹
	板牙起削后，仍加压力扳动	起削后只用平衡的旋转力，不要加压力
	活动板牙与开口板牙尺寸调得太小	准确调整板牙的标准尺寸
螺纹太浅	圆杆直径太小	正确确定圆杆直径尺寸

◎ 注意事项

1）先在螺栓坯料的端部加工出 45° 的倒角，以防止在板牙的导向刃上出现突然加载现象，同时要确保圆板牙或六角板牙垂直地切入螺栓坯料。

2）尽可能减小螺栓坯料的直径，即确保与螺栓大径有关的公差靠近下限，这样可把攻丝时产生的切削力降至最低。

3）使用带刃倾角部分的板牙，这样可确保把切屑导出切削加工区域。

4）采用正确的冷却液，并把足量的冷却液对准切削加工区域。

5）在调节开口板牙时，不得把板牙张开，因为张开的板牙在攻丝时会对工件产生刮擦而不是切削。均匀地转动调节螺钉，可把开口板牙闭合大约 0.15 mm。若压力只作用在板牙的一边，则可能会使板牙损坏。

【任务实施】

一、工具材料领用及准备

工具材料及工作准备见表 2-8-4。

表 2-8-4　工具材料及工作准备

1. 工具 / 设备 / 材料				
类别	名称	规格型号	单位	数量
设备	钳工操作台	—	台	40
	台虎钳	—	台	40
	划线方箱	—	个	10
	划线平台	—	个	10
工具	高度游标卡尺	300 mm	把	10
	游标卡尺	150 mm	把	10
	90° 刀口尺	—	把	10
	板牙	M12	个	10
	板牙铰杠	—	把	10
	整形锉	—	套	10
	软钳口	—	对	40
耗材	圆钢	$\phi 12 \text{ mm} \times 100 \text{ mm}$	根	40
	锉刀刷	—	把	10
	刷子	—	把	10
	长柄刷	—	把	4

续表

2. 工作准备
（1）技术资料：教材、各种套螺纹工具使用说明书、工作任务卡
（2）工作场地：有良好的照明、通风和消防设施等
（3）工具、设备、材料：按"工具/设备/材料"栏目准备相关工具、设备和材料
（4）建议分组实施教学。每4~6人为一组，需要10套板牙。通过分组讨论完成螺杆套螺纹工作计划，并实施操作
（5）劳动保护：规范着装，穿戴劳保用品、工作服

二、工艺分析

1. 任务分析

如图 2-8-1 所示，分析可知，本任务是为圆杆进行套螺纹操作，加工的外螺纹为双头，螺纹规格为 M12 mm×30 mm×2，用 M12 板牙进行套螺纹加工。

2. 套螺纹步骤

1）检查圆杆是否符合套螺纹的条件。

2）正确装夹圆杆，并尽量使伸出长度最小。

3）圆杆端部倒角。

4）在圆杆上进行螺纹终止线划线。

5）进行两端套螺纹操作。

6）清除毛刺，并检查螺纹质量。

3. 制订螺杆套螺纹的工作计划

在执行计划的过程中填写执行情况表，如表 2-8-5 所示。

表 2-8-5 工作计划执行情况

序号	操作步骤	工作内容	执行情况记录
1	原材料检查	检查圆杆是否符合条件	
2	正确装夹	正确装夹圆杆	
3	倒角	对圆杆两端正确进行倒角加工	
4	划线	在圆杆两端正确进行螺纹终止线划线	
5	套螺纹	正确进行两端套螺纹	
6	检查	检查螺纹质量，并清除毛刺	

🔑【实训报告】

一、实训任务书

课程名称	钳工综合实训		项目2	钳工基本加工技能
任务8	螺杆套螺纹		建议学时	4
班级		学生姓名	工作日期	
实训目标	1. 掌握套螺纹常用工具的基本知识； 2. 掌握套螺纹的安全文明生产操作规程； 3. 掌握套螺纹的基本知识； 4. 掌握套螺纹的基本操作技能			
实训内容	1. 制定螺杆套螺纹工艺过程卡； 2. 正确完成螺杆套螺纹操作			
安全与文明要求	1. 严格执行"7S"管理规范要求； 2. 严格遵守实训场所（工业中心）管理制度； 3. 严格遵守学生守则； 4. 严格遵守实训纪律要求； 5. 严格遵守钳工操作规程			
提交成果	完成螺杆套螺纹、实训报告			
对学生的要求	1. 具备套螺纹及其常用工具的基本知识； 2. 具备套螺纹的基本操作能力； 3. 具备一定的实践动手能力、自学能力、分析能力，一定的沟通协调能力、语言表达能力和团队意识； 4. 执行安全、文明生产规范，严格遵守实训场所的制度和劳动纪律； 5. 着装规范（工装），不携带与生产无关的物品进入实训场所； 6. 完成螺杆套螺纹和实训报告			
考核评价	评价内容：工作计划评价、实施过程评价、完成质量评价、文明生产评价等。 评价方式：由学生自评（自述、评价，占10%）、小组评价（分组讨论、评价，占20%）、教师评价（根据学生学习态度、工作报告及现场抽查知识或技能进行评价，占70%）构成该同学该任务成绩			

二、实训准备工作

课程名称	钳工综合实训		项目2	钳工基本加工技能
任务8	螺杆套螺纹		建议学时	4
班级		学生姓名	工作日期	
场地准备描述				
设备准备描述				

课程名称	钳工综合实训		项目2	钳工基本加工技能
任务8	螺杆套螺纹		建议学时	4
班级		学生姓名	工作日期	
工、量具准备描述				
知识准备描述				

三、工艺过程卡

产品名称		零件名称		零件图号		共 页
材料		毛坯类型				第 页
工序号		工序内容		设备名称		
				工具	夹具	量具
抄写		校对		审核		批准

四、考核评价表

考核项目	技术要求	分值	小组自评（10%）	小组互评（20%）	教师评价（70%）	实得分（Σ）
工艺过程（5%）	套螺纹步骤正确	5				
工具使用（45%）	两端倒角正确	10				
	工件装夹正确	5				
	板牙安装正确	10				
	套丝操作姿势正确	20				
完成质量（30%）	两端 M12 螺纹牙型完整	30				
文明生产（10%）	安全操作	5				
	工作场所整理	5				
相关知识及职业能力（10%）	套螺纹基本知识	2				
	自学能力	2				
	表达沟通能力	2				
	合作能力	2				
	创新能力	2				
总分（Σ）		100				

任务 9 　四方块刮削

🔑【任务目标】

（1）能够详细阐述刮削的基本原理；

（2）能够描述刮削工具的基本构造；

（3）具备熟练使用刮削工具的能力；

（4）具备正确进行刮削操作的能力。

🔑【任务描述】

如图 2-9-1 所示，根据四方块加工图，完成四方块的外形加工，并进行刮削操作，精度达到 ±0.02 mm。

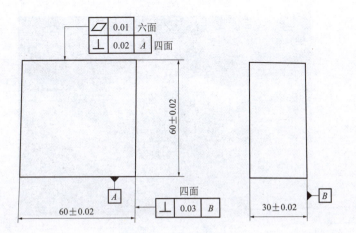

技术要求：
1.30 mm、60 mm、60 mm三组尺寸的平行度误差小于0.02 mm。
2.各锐边倒角C0.5。

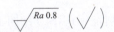

图 2-9-1　四方块刮削

刮削可分为平面刮削和曲面刮削两种。

1. 平面刮削

平面刮削如图 2-9-2 所示，有单个平面刮削（如平板、工作台面等）和组合平面刮削（如 V 形导轨、燕尾槽面）两种。

图 2-9-2　平面刮削

2. 曲面刮削

曲面刮削如图 2-9-3 所示，有内圆柱面刮削、内圆锥面刮削和球面刮削等。

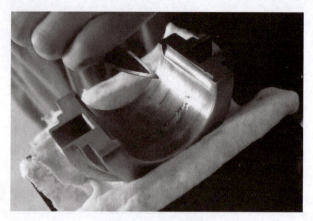

图 2-9-3　曲面刮削

刮削是指用刮刀在加工过的工件表面上刮去微量金属，以提高表面形状精度、改善配合表面间接触状况的钳工加工方法，刮削是钳工的基本操作技能之一。通常零件经过车、铣、镗等机械加工后，达不到工艺、图样的要求，往往要凭借刮削的方法来保证和进一步提高零件的精度。刮削是机械制造和修理中最终精加工各种型面（如机床导轨面、连接面、轴瓦、配合球面等）的一种重要方法。

【任务解析】

要完成上述任务，需利用标准平板作为校正工具进行互研单刮，使平面达到图样要求的精度。通过练习掌握挺刮法和手刮法、显示剂的应用、显示研点方法、刮削表面的要求等。理解普通平面的刮削步骤，通过不断练习掌握刮削的姿势和刮削动作的要领。刮削练习中要掌握粗刮、细刮与精刮的要领和方法，解决平面刮削中产生的一般问题；刮削平面与标准平板互研显点在 25 mm × 25 mm 面积内达 18 ～ 20 点以上，是任务的关键；刮削平面的表面粗糙度 ≤ 0.8 μm，且刀迹排列整齐美观。

【相关知识】

◎ 刮削伴随着人类的文化起源

我国旧石器时代早期石器的基本特征是：石片和用石片制造的各种石器在全部石制品中占有重要的比例，石核石器相对较少；各类石器以单面加工为主；基本类型是刮削器、尖状器、端刮器和砍斫器，其中以刮削器为主，砍斫器仅占较小比例。例如在北京人的石器中，刮削器约占 70%，砍斫器约占 10%；在观音洞的石器中，刮削器占 80%，砍斫器不到 6%。

圆端刃刮削器从中国旧石器时代早期至新石器时代，在中国南、北广大区域，呈现出一种广布性的文化现象，进入文明史时期后，仍可见该文化遗迹。圆端刃刮削器在中国定型早、分布时间长，通过对中国史前史和文明史早期的考察，发现圆端刃刮削器是中国最古老的文化传统之一。圆端刃刮削器的文化传统，表现出我国史前史和文明史紧密衔接、一脉相承的演变历史，也反映出我们文明古国博大精深的文化渊源。

一、刮削原理

刮削是金属切削的一种形式，但与机械加工的连续切削不同，机械连续切削加工出来的零件表面精度主要依靠工作母机本身的精度。但由于切削过程中不可避免地会产生由各种因素引起的振动、刀具的磨损和热变形等，故使加工出来的零件表面精度受到不同程度的限制。

刮削是将工件与校准工具或与其相配合的工件之间涂上一层显示剂，经过对研，使工件上凸起部位（误差所在）显示出来（称为显点），然后利用刮刀进行微量刮削，刮去凸起部位的金属，减小误差。刮削的同时，刮刀对工件还有推挤和压光的作用，这样反复地显示和刮削，就能使工件的加工精度达到预定的要求。

1. 刮削特点

刮削具有切削量小、切削力小、产生热量小和装夹变形小等特点，不存在机械加工中的振动和热变形等缺陷，所以能获得很高的尺寸精度、形状和位置精度及很小的表面粗糙度值，能保证配合件的精密配合。

在刮削过程中，由于工件多次受到刮刀的推挤和压光作用，所以工件表面粗糙度小、组织结构紧密，从而能较好地延长零件的使用寿命。

刮削后，零件表面形成了比较均匀的微浅凹坑，有利于储存油，因而能较好地改善相对运动零件之间的润滑条件。

2. 刮削应用场合

1）用于形位精度和尺寸精度要求较高的零件。

2）用于互配精度要求较高的零件。

3）用于获得良好的机械装配精度。

4）用于零件需要得到美观的表面。

因此，刮削在机械制造业和修理工作中仍占有较重要的地位。

二、平面刮削

1. 平面刮刀

平面刮刀主要用来刮削平面、外曲面和刮花。挺刮刀具有一定的弹性，刮削量较大，效率较高，能刮出较高质量的表面。弯头刮刀刀杆弹力相当好，头部较小，刚性好，切削量小，刮削刀痕光洁，常用于精刮或刮花。拉刮刀又称为钩头刮刀，适用于其他刮刀无法进行刮削的机体内部表面的刮削。

刮刀按加工表面精度要求不同，分粗刮刀、细刮刀和精刮刀三种。刮刀的角度按粗、细、精刮的要求而定。刮刀顶端几何形状和角度如图 2-9-4 所示，粗刮刀为 90°～92.5°，刀刃平直；细刮刀为 95° 左右，刀刃稍带圆弧；精刮刀为 97.5° 左右，刀刃带圆弧。如用于刮韧性材料，韧性刮刀可磨成锐角，但这种刮刀只适用于粗刮。

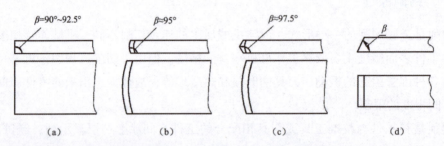

图 2-9-4　刮刀顶端几何形状和角度

（a）粗刮刀；（b）细刮刀；（c）精刮刀；（d）韧性材料刮刀

2. 平面刮刀的刃磨和热处理

（1）平面刮刀粗磨

粗磨时分别将刮刀两平面贴在砂轮侧面上，开始时应先接触砂轮边缘，再慢慢平放在侧面上，不断地前后移动进行刃磨，如图 2-9-5 所示，使两面都达到平整，在刮刀全宽上用肉眼看不出有显著的厚薄差别。然后粗磨顶端面，把刮刀的顶端放在砂轮轮缘上平稳地左右移动刃磨，要求端面与刀身中心线垂直。粗磨时应先以一定倾斜度与砂轮接触，再逐步转动至水平。如直接按水平位置靠上砂轮，刮刀会弹抖，不易磨削，甚至会出事故。

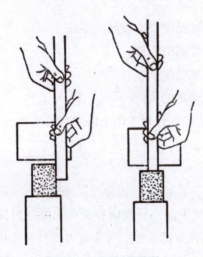

图 2-9-5　平面刮刀粗磨

（2）热处理

将粗磨好刮刀头部长约 25 mm 放在炉火中缓慢加热到 780 ～ 800℃（呈樱红色），取出后迅速放入冷水中（或 10% 浓度的盐水中）冷却，浸入深度为 8 ～ 10 mm。刮刀接触水面时应缓缓平移并间断地少许上下移动，这样可使淬硬部分不留下明显界限。当刮刀露出水面部分呈黑色时，从水中取出，观察其刃部颜色为白色时，即迅速再把刮刀浸入水中冷却，直到刮刀全冷后取出即可。热处理后刮刀切削部分硬度应在 60 HRC 以上，用于粗刮。

精刮刀及刮花刮刀，淬火时可用油冷却，这样刀头不会产生裂纹，金属的组织较细，容易刃磨，其切削部分硬度接近 60 HRC。

（3）细磨

热处理后的刮刀要在细砂轮上细磨，基本达到刮刀的形状和几何角度要求。刮刀刃磨时必须经常蘸水冷却，避免刀口部分退火。

（4）精磨

刮刀必须在油石上进行精磨。操作前先用机械油将油石浸透。操作时在油石上加适量机油，先磨两平面，如图 2-9-6（a）所示，直至平面平整，表面粗糙度 Ra<0.2 μm；然后精磨端面，如图 2-9-6（b）所示，刃磨时左手扶住手柄，右手紧握刀身，使刮刀直立在油石上，略微前倾（前倾角度根据刮刀的不同 β 角而定）向前推移，拉回时刀身略微提起，以免磨损刃口。如此反复，直到切削部分形状、角度符合要求，且刃口锋利为止。初学时还可将刮刀上部靠在肩上两手握刀身，向后拉动来磨锐刃口，而向前则将刮刀提起。靠肩双手握持磨法如图 2-9-6（c）所示，此法速度较慢，但容易掌握，在初学时常先采用此方法练习，待熟练后再采用前述磨法。

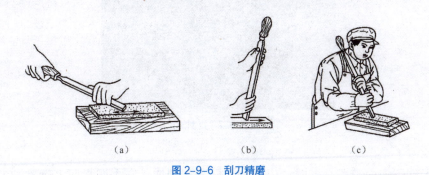

（a） （b） （c）

图 2-9-6　刮刀精磨

（a）磨平面；（b）手持磨顶端面；（c）靠肩双手握持磨端面

3. 平面刮削余量

由于刮削加工每次只能刮去很薄的一层金属，刮削工作的劳动强度很大，所以要求工件在机械加工后留下的刮削余量不宜太大（一般为 0.05 ～ 0.4 mm），平面刮削余量见表2-9-1。

表2-9-1 平面刮削余量

单位：mm

平面宽度	平面长度				
	100 ~ 500	500 ~ 1 000	1 000 ~ 2 000	2 000 ~ 4 000	4 000 ~ 6 000
<100	0.10	0.15	0.20	0.25	0.30
100 ~ 500	0.15	0.20	0.25	0.30	0.40

4. 刮削的基本方法

（1）挺刮法

1）动作要领。

将刮刀柄顶在小腹右下侧肌肉处，双手握住刀身，左手距刀刃80 mm左右。刮削时，利用腿力和臀部的力量将刮刀向前推挤，双手施加压力，刮刀向前推进的瞬间，右手引导刮刀方向，左手立即将刮刀提起，这时刮刀便在工件表面上刮去一层金属，完成了挺刮的动作，如图2-9-7所示。

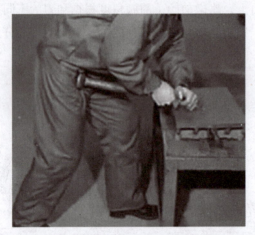

图2-9-7 挺刮法

在工件下表面需要刮削时，应将刮刀贴紧刮削面，左手四指向上按紧刮刀头部，拇指抵住上表面作依托；右手握住刀身向上提起，利用脚力向前推挤，推动一次即在工件表面上刮去一层金属。刮削时，可在刮削部位下面适当的位置放置一面镜子，利用镜子看清研磨点进行刮削。

2）特点

施用全身力量，协调动作，用力大；每刀的刮削量大，身体总处于弯曲状态，容易疲劳。

（2）手刮法

右手如握锉刀柄，左手四指向下蜷曲握住刮刀近头部约 50 mm 处，刮刀与被刮削表面成 20°～30°，如图 2-9-8 所示。同时，左脚前跨一步，上身随着往前倾斜，这样可以增加左手压力，也易看清刮刀前面点的情况。刮削时右臂随着上身前倾，使刮刀向前推进，左手下压，落刀要轻，同时当推进到所需要位置时，左手迅速提起，完成一个手刮动作。

手刮法动作灵活，适应性强，应用于各种工作位置，对刮刀长度要求不太严格，姿势可合理掌握，但手较易疲劳，故不适用于加工余量较大的场合。

5. 校准工具

校准工具也称研具，它是用来磨合研点和检验刮削面准确性的工具。校准工具有两个作用：一是用来与刮削表面磨合，以接触点的多少和分布的疏密程度来显示刮削表面的平整程度，提供刮削的依据；二是用来检验刮削表面的精度。

图 2-9-8　手刮法

（1）标准平板

标准平板主要用来检验较宽的平面，其面积尺寸有多种规格。选用时，它的面积一般应不大于刮削面的 3/4，如图 2-9-9 所示。

图 2-9-9　标准平板

（2）标准直尺

标准直尺主要用来校验狭长的平面，常用的有桥式直尺和工字形直尺两种。

桥式直尺主要用来检验大导轨的直线度，如图 2-9-10 所示。

图 2-9-10　桥式直尺

工字形直尺分单面和双面两种，如图 2-9-11 所示。单面工字形直尺的一面经过精刮，精度较高，常用来检验较短导轨的直线度；双面工字形直尺的两面都经过精刮并且互相平行，常用来检验狭长平面相对位置的准确性。

图 2-9-11　工字形直尺

（3）角度直尺

角度直尺主要用来校验两个刮面成角度的组合平面，如燕尾导轨的角度等，如图 2-9-12 所示。两基准面经过精刮后，形成的角度即成为所需的标准角度。第三面只是作为放置时的支承面，所以不必经过精密加工。

图 2-9-12　角度直尺

6. 显示剂

（1）显示剂种类

工件和校准工具对研时，所加的涂料叫显示剂，其作用是显示工件误差的位置和大小。常用显示剂有红丹粉和蓝油。红丹粉分铁基和铅基两种，铁基呈褐红色，铅基呈橘红色。黑色金属一般用红丹粉加机械油调和；有色金属用蓝油，蓝油由普鲁士蓝粉和蓖麻油加适量机油调和而成。

（2）显示剂用法

刮削时，显示剂可涂在工件或标准研具上。显示剂涂在工件上，显示的结果是红底黑点，没有闪光，容易看清，适于精刮选用；涂在标准研具上，显示结果是灰白底，黑红色点子，有闪光，不易看清楚，但刮削时铁屑不易粘在刀口上，刮削方便，适于粗刮选用。

显示剂用于粗刮时可调得稀些，涂层可略厚些，以增加显点面积；精刮时应调得稠些，涂层应薄而均匀，从而保证显点小而清晰；刮削临近符合要求时，显示剂涂层更薄，只需把工件上在刮削后的剩余显示剂涂抹均匀即可。显示剂在使用过程中应注意清洁，避免砂粒、铁屑和其他污物划伤工件表面。

（3）显点法

显点法是利用显色剂显示出工件误差的一种方法，它是刮削工艺中判断误差和落刀部位的基本方法。显点工作的正确与否直接关系到刮削的进程和质量。在刮削工作中，往往由于显点不当、判断不准，而浪费工时或造成废品，所以显点也是一项十分细致的技能。显点应根据工件的不同形状和被刮面积的大小区别进行。

1）中、小型工件的显点。

一般是基准平板固定不动，工件被刮面在平板上推磨。如被刮面等于或稍大于平板面，则推磨时工件超出平板的部分不得大于工件长度的 1/3。注意小于平板的工件推磨时最好不出头，否则其显点不能反映出真实的平面度。

2）大型工件的显点。

当工件的被刮面长度大于平板若干倍时，一般是一平板在工件被刮面上推磨，采用水平仪与显点相结合的方法来判断被刮面的误差，通过水平仪可以测出工件的高低不平情况，而刮削则仍按照显点分轻、重进行。

3）质量不对称的工件的显点。

对于这类工件的显点需特别注意，如果两次显点出现矛盾，则应分析原因。其显点可能里少外多，如出现这种情况，不作具体分析，仍按显点刮削，那么刮出来的表面很可能中间凸出。因此，压和托的动作要得当，才能反映出正确的显点。

7. 平面刮削质量检查

刮削精度包括尺寸精度、形状和位置精度、接触精度及配合精度、表面粗糙度等。

刮削质量最常用的检查方法是将被刮削面与校正工具对研后，用边长 25 mm×25 mm 的检查框罩在被检查面上，根据检查框内的研点数来决定接触精度。

（1）检查刮削贴合点的数目（研点数）

工件经刮削后，表面上显示的贴合点的数量和均匀程度，可以直接反映出平面的直线度和平面度等形状精度。通常规定将边长 25 mm×25 mm 的检查框罩在被检查面上，根据方框内贴合点数量的多少来表示刮削面的质量和接触精度，如图 2-9-13 所示。

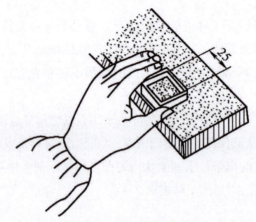

图 2-9-13　检查刮削研点数

在进行刮削质量检查时，不同配合面的刮削质量标准各不相同，各种平面所要求的研点数见表 2-9-2。

表 2-9-2　各种平面所要求的研点数

平面种类	每 25 mm×25 mm 内的研点数	应用举例
一般平面	2 ~ 5	较粗糙机件的固定接合面
	5 ~ 8	一般接合面
	8 ~ 12	机器台面、一般基准面、机床导向面、密封接合面
	12 ~ 16	机床导轨及导向面、工具基准面、量具接触面
精密平面	16 ~ 20	精密机床导轨、直尺
	20 ~ 25	1 级平板、精密量具
超精密平面	> 25	0 级平板、高精度机床导轨、精密量具

（2）检查刮削面平面度

对于刮削面的平面度和倾斜度，以及机床导轨的直线性误差和倾斜度等，一般应用框式水平仪进行检查，此外，也可用百分表或塞尺等配合进行检查。

8.刮削面缺陷分析

刮削面常见质量缺陷分析见表2-9-3。

表 2-9-3 刮削面常见质量缺陷分析

缺陷形式	特征	产生原因
深凹陷	刮削面研点局部稀少或刀迹与显示研点高低相差太多	1. 粗刮时用力不均、局部落刀太重或多次刀迹重叠； 2. 切削刃刃磨的弧度过大
撕痕	刮削面上有粗糙的条状刮痕，较正常刀痕深	1. 切削刃不光洁、不锋利； 2. 切削刃有缺口或裂纹
振痕	刮削面上出现规则的波纹	多次同向刮削，刀迹没有交叉
划痕	刮削面上划出深浅不一的直线	研点时夹有砂粒、铁屑等杂质，或显示剂不清洁
刮削面精密度不准确	显点情况无规律地改变	1. 推磨研点时压力不均，研具伸出工件太多，按出现的假点刮削造成； 2. 研具本身不准确

9.平面刮削操作

平面刮削包括粗刮、细刮、精刮和刮花4个阶段。

（1）粗刮

工件的机械加工表面留有较深的刀痕、工件表面有严重的锈蚀或刮削加工余量较大（如0.10 mm以上）时可进行粗刮。粗刮采取连续推铲的方法，其刮屑厚而宽，大量去屑，刀迹连片；刀迹宽度为8～16 mm，刮刀行程长为30～60 mm。每重刮一遍时，应调换45°角，交叉进行。当刮过2～3遍后，表面中部就比四周稍低，应再将四周多刮两遍。当目测表面没有不平处时，可涂红丹粉放在标准平板上推研，待显示显点后，再将显点刮去，这样反复刮削几遍后，即可用25 mm×25 mm检查框检查，当在框内出现2～3点时，粗刮阶段完成。

（2）细刮

粗刮后，表面显点还很少，没有达到精度要求，因此还需细刮。细刮采用短刮法：刮刀刃口略带圆弧，刀迹宽度为6～12 mm，刮刀行程长为10～25 mm。刮削时，应按一定方向依次刮削，刮完一遍再刮第二遍时，要交叉45°角进行。为加快刮削速度，把研磨出的高点连同周围部分都刮去一层，就能显现出次高点；然后再刮次高点，次高点被刮除后，又显现出其他更低点来。随着显点的增多，可将红丹粉均匀而薄地涂布在平板上，再进行刮削，当显现出的显点软硬均匀（硬点发亮，应刮重些；软点发暗，应刮轻些）时，用检查框检查，若在25 mm×25 mm内出现12～14点，则细刮阶段完成。

（3）精刮

在细刮后，为进一步提高表面精度、增加显点数，要进行精刮。精刮采取点刮法：所用刮刀的刃口呈圆弧形，刮刀较小，前角要大一些，对准显点，落点要轻，起刀时应挑起，刀迹宽度为 3 ~ 5 mm，刮刀行程长为 3 ~ 6 mm。每精刮一遍后，刮第二遍时要交叉 45° 角进行。其研出的显点分为 3 种类型进行刮削，最高、最大的显点要全部刮去；中等显点要从中间挑开；小显点留下不刮。反复刮削几遍后，显点会越来越多、越来越小，当每 25 mm × 25 mm 内出现 16 ~ 20 点时，精刮阶段完成。

（4）刮花

刮花的目的：使刮削表面美观；能使滑动表面之间存油，以增加润滑条件，并且可以根据花纹消失的多少来判断表面的磨损程度。在接触精度要求高、显点要求多的工件上，不应该刮成大块花纹，否则不能达到所要求的刮削精度。

1）斜花纹。

斜花纹就是小方块，是用精刮刀与工件边成 45° 角的方向刮成的。其花纹的大小按刮削面的大小而定：刮削面大，刀花可大些；刮削面狭小，刀花可小些。为了使花纹排列整齐和大小一致，可用软铅笔划成格子，一个方向刮完再刮另一个方向。

2）鱼鳞花纹。

鱼鳞花纹常称为鱼鳞片。刮削时先用刮刀的右边（或左边）与工件接触，再用左手把刮刀逐渐压平，并同时逐渐向前推进，即随着左手在向下压的同时，还要把刮刀有规律地扭动一下，扭动结束即推动结束，再立即起刀，这样即完成一个花纹。如此连续地推扭，就能刮出鱼鳞花纹。如果要从两个交叉方向都能看到花纹的反光，则应该从两个方向起刮。

3）半月花纹。

在刮半月花纹时，刮刀与工件成 45° 角左右。刮刀除了推挤外，还要靠手腕的力量扭动，如图 2-9-14 所示。这种刮花操作需要有熟练的技巧才能进行。

◉ 操作要领

1）刮削操作姿势要正确，起刀和落刀正确合理，防止打滑和梗刀。

2）要重视刮刀的修磨，正确刃磨好粗、细、精刮刀，其是提高刮削速度和保证精度的基本条件。

3）涂色要均匀，刮削时压力要适当，标准平板要放置水平稳固，刮削曲线与速度要正确，以保证显点显示的真实。

4）刮削过程中粗、细、精三步骤很重要，一定要按要求进行，否则会影响刮削速度和精度。

5）平板刮削表面应无明显的丝纹、振痕及落刀痕迹，刮削刀迹应交叉。

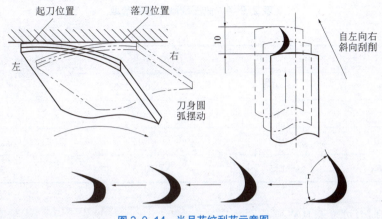

图 2-9-14　半月花纹刮花示意图

三、曲面刮削

1. 曲面刮刀

（1）三角刮刀

三角刮刀是刮削内曲面的主要工具，常用碳素工具钢锻制或三角锉刀改制。三角刮刀端面呈三角形，具有三条呈弧形的刀刃，在三个方形面上有三条凹槽，如图 2-9-15 所示。

（2）蛇头刮刀

蛇头刮刀刀头部有四个带圆弧的刀刃，端面呈矩形，刮削时，利用两个圆弧刃交替刮削内曲面，弧形刃口的曲率半径可根据粗、精刮内曲面的曲率半径而决定。它刮的刀痕不易产生棱角，而且凹坑较深、存油效果好，能使滑动轴承和转轴得到充分润滑，如图 2-9-15 所示。

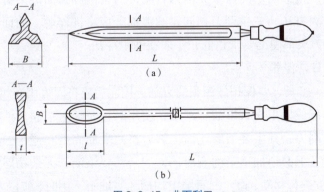

图 2-9-15　曲面刮刀

（a）三角刮刀；（b）蛇头刮刀

2. 曲面刮削余量

曲面刮削余量的选取见表 2-9-4。

表 2-9-4　曲面刮削余量的选取

mm

孔径	孔长		
	≤ 100	>100 ~ 200	>200 ~ 300
≤ 80	0.05	0.08	0.12
>80 ~ 180	0.10	0.15	0.25
>180 ~ 360	0.15	0.25	0.35

3. 曲面刮刀刃磨和热处理

（1）三角刮刀的刃磨和热处理

先将锻好的毛坯在砂轮上进行刃磨，其方法是先用右手握刀柄，使它按刀刃形状进行弧形摆动，同时在砂轮宽度上来回移动，基本成形后，将刮刀调转，顺着砂轮外圆柱面进行修整；接着将三角刮刀的三个圆弧面用砂轮角开槽（目的是便于精磨），槽要磨在两刃中间，磨削时刮刀应稍做上下和左右移动，使刀刃边上只留有 2 ~ 3 mm 的棱边。

三角刮刀的淬火长度应为刀刃全长，方法和要求与平面刮刀相同。

（2）三角刮刀的精磨

三角刮刀淬火后必须在油石上精磨，具体方法是右手握柄，左手轻压切削刃，两切削刃边同时与油石接触，刮刀沿油石长度方向来回移动，并按切削刃弧形做上下摆动，直到磨至三个切削刃口锋利为止。其他类型的曲面刮刀精磨方法与三角刮刀相似。

（3）蛇头刮刀的刃磨和热处理

蛇头刮刀粗、精磨两平面与平面刮刀相同，刀头两圆弧面的刃磨方法与三角刮刀磨法类似。其淬火方法与三角刮刀相同，圆弧部分应全部淬硬。曲面刮刀若用于刮削有色金属，则刮刀头部硬度要求稍低，一般在油中冷却。

（4）刮刀的日常保养

刮刀是精加工工具，要保护好锋利的刃部，用完后应将刀刃用布包好，放置在刀架上，以免碰坏刃部或发生伤害事故。刮刀在使用时，要随时在润滑油浸泡好的油石上磨锐。对于平面刮刀，其主要刃磨端面，然后将两平面修磨一遍，去除刃口毛刺。刃磨时，应注意油石上必须加适量的润滑油，润滑油要清洁、无杂物。磨刮刀时，应在油石全长、全宽上进行移动，避免油石磨出沟槽。当油石不用时，应浸入润滑油中放置。

4. 内曲面刮削的姿势

在进行内曲面刮削时，右手握刀柄，左手掌心向下且四指在刀身中部横握，拇指抵着刀身，右手做圆弧运动，左手顺着曲面方向使刮刀做前推或后拉的螺旋形运动，刀迹与曲面轴心线成 45° 交叉进行。

5. 曲面刮削质量的检查

曲面刮削质量的检查方法与平面刮削质量的检查方法一样，都是使用检查框测定 25 mm×25 mm 内接触点的数目，一般要求内曲面中间部位的显点在 6 ~ 8 点，前、后端则要求在 10 ~ 15 点，这主要是依据轴承各处所受负荷大小而确定的。对于受力大的部位，显点要密一些，以减少摩擦，保证内曲面的几何精度。

曲面刮削主要是对滑动轴承内孔的刮削，其不同接触精度的研合点数见表 2-9-5。

表 2-9-5　滑动轴承内孔不同接触精度的研合点数

轴承直径 /mm	机床或精密机械主轴轴承			锻压设备、通用机械的轴承		动力机械、冶金设备轴承	
	高精度	精密	普通	重要	普通	重要	普通
	每 25 mm×25 mm 内的研合点数						
≤ 120	25	20	16	12	8	8	5
> 120	—	16	10	8	6	6	2

【任务实施】

一、工具材料领用及准备

工具材料及工作准备见表 2-9-6。

表 2-9-6　工具材料及工作准备

1. 工具 / 设备 / 材料				
类别	名称	规格型号	单位	数量
设备	钳工操作台	—	台	40
	台虎钳	—	台	40
	标准方箱	—	个	10
	标准平板	—	个	10
工具	游标卡尺	150 mm	把	10
	粗平面刮刀	—	把	10
	细平面刮刀	—	把	10
	精平面刮刀	—	把	10
	检测框	25 mm×25 mm	个	10
	整形锉	—	套	10

类别	名称	规格型号	单位	数量
耗材	四方块坯料	61 mm × 61 mm × 31 mm HT200	块	40
	刷子	—	把	10
	油石	—	块	10
	机油	—	升	1
	显示剂	—	kg	1

2. 工作准备

（1）技术资料：教材、各种刮削工具使用说明书、工作任务卡

（2）工作场地：有良好的照明、通风和消防设施等

（3）工具、设备、材料：按"工具/设备/材料"栏目准备相关工具、设备和材料

（4）建议分组实施教学。每 4 ~ 6 人为一组，需要 10 套刮刀，通过分组讨论完成四方块刮削工作计划，并实施操作

（5）劳动保护：规范着装，穿戴劳保用品、工作服

二、工艺分析

1. 任务分析

如图 2-9-1 所示，分析可知，本任务是为四方块坯料进行外形加工，并进行刮削操作，精度达到 ±0.02 mm。

2. 刮削步骤

1）检查坯料是否符合刮削的条件。

2）对四方体坯料进行外形加工，留有 0.05 mm 左右的刮削余量。

3）加入显示剂，将四方块与标准平板对研，根据显点情况，对每个平面进行粗刮、细刮、精刮操作，达到技术要求。

4）锐边去毛刺，倒角操作。

5）检查，并做必要修整。

3. 制订四方块刮削的工作计划

在执行计划的过程中填写执行情况表，如表 2-9-7 所示。

表 2-9-7　工作计划执行情况

序号	操作步骤	工作内容	执行情况记录
1	检查坯料	检查坯料是否符合条件	
2	外形加工	留有 0.05 mm 的刮削余量	
3	刮削第一平面	加入显示剂，第一平面与标准平板对研，根据显点进行刮削操作	

续表

序号	操作步骤	工作内容	执行情况记录
4	刮削第二平面	加入显示剂，第二平面与标准平板对研，根据显点进行刮削操作	
5	刮削第三平面	加入显示剂，第三平面与标准平板对研，根据显点进行刮削操作	
6	刮削第四平面	加入显示剂，第四平面与标准平板对研，根据显点进行刮削操作	
7	刮削第五平面	加入显示剂，第五平面与标准平板对研，根据显点进行刮削操作	
8	刮削第六平面	加入显示剂，第六平面与标准平板对研，根据显点进行刮削操作	
9	去毛刺	清除毛刺	
10	倒角	正确对锐边进行倒角	
11	检查	检查刮削质量	

【实训报告】

一、实训任务书

课程名称	钳工综合实训		项目2	钳工基本加工技能
任务9	四方块刮削		建议学时	20
班级		学生姓名	工作日期	
实训目标	1.掌握刮削常用工具的基本知识； 2.掌握刮削的安全文明生产操作规程； 3.掌握刮削的基本知识； 4.掌握刮削的基本操作技能			
实训内容	1.制定四方块刮削工艺过程卡； 2.正确完成四方块刮削操作			
安全与文明要求	1.严格执行"7S"管理规范要求； 2.严格遵守实训场所（工业中心）管理制度； 3.严格遵守学生守则； 4.严格遵守实训纪律要求； 5.严格遵守钳工操作规程			
提交成果	完成四方块刮削、实训报告			
对学生的要求	1.具备刮削及其常用工具的基本知识； 2.具备刮削的基本操作能力； 3.具备一定的实践动手能力、自学能力、分析能力，一定的沟通协调能力、语言表达能力和团队意识； 4.执行安全、文明生产规范，严格遵守实训场所的制度和劳动纪律； 5.着装规范（工装），不携带与生产无关的物品进入实训场所； 6.完成四方块刮削和实训报告			
考核评价	评价内容：工作计划评价、实施过程评价、完成质量评价、文明生产评价等。 评价方式：由学生自评（自述、评价，占10%）、小组评价（分组讨论、评价，占20%）、教师评价（根据学生学习态度、工作报告及现场抽查知识或技能进行评价，占70%）构成该同学该任务成绩			

二、实训准备工作

课程名称	钳工综合实训		项目 2	钳工基本加工技能
任务 9	四方块刮削		建议学时	20
班级		学生姓名	工作日期	
场地准备描述				
设备准备描述				
工、量具准备描述				
知识准备描述				

三、工艺过程卡

产品名称		零件名称		零件图号		共　页
材料		毛坯类型				第　页
工序号		工序内容		设备名称		
				工具	夹具	量具

续表

产品名称		零件名称		零件图号		共 页
材料		毛坯类型				第 页
工序号		工序内容		设备名称		
				工具	夹具	量具
抄写		校对		审核		批准

四、考核评价表

考核项目	技术要求	分值	小组自评（10%）	小组互评（20%）	教师评价（70%）	实得分（Σ）
工艺过程（5%）	刮削步骤正确	5				
工具使用（20%）	倒角正确	5				
	对研正确	5				
	刮削操作姿势正确	10				
完成质量（55%）	60 mm ± 0.02 mm	10				
	30 mm ± 0.02 mm	10				
	垂直度 0.02 mm	4				
	垂直度 0.03 mm	4				
	平面度 0.01 mm	6				
	表面粗糙度 0.8 μm	6				
	研点 18 ~ 20 个	15				
文明生产（10%）	安全操作	5				
	工作场所整理	5				
相关知识及职业能力（10%）	刮削基本知识	2				
	自学能力	2				
	表达沟通能力	2				
	合作能力	2				
	创新能力	2				
总分（Σ）		100				

任务 10　四方块研磨

【任务目标】

（1）能够详细阐述研磨的基本原理；

（2）能够描述研磨工具的基本构造；

（3）具备熟练使用研磨工具的能力；

（4）具备正确进行研磨操作的能力。

【任务描述】

如图 2-10-1 所示，根据四方块研磨加工图，完成四方块的研磨加工，精度达到 ± 0.01 mm。

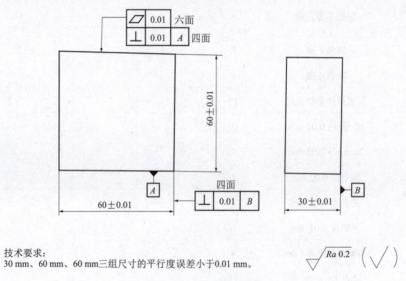

技术要求：
30 mm、60 mm、60 mm三组尺寸的平行度误差小于0.01 mm。

图 2-10-1　四方块研磨

研磨是用研磨工具和研磨剂从工件表面磨掉一层极薄的金属，使工件表面获得精确的尺寸、形状、极小的表面粗糙度的加工方法，如图 2-10-2 所示。研磨可用于加工各种金属和非金属材料，加工的表面形状有平面，内、外圆柱面和圆锥面，凸、凹球面，螺纹，齿面及其他型面，加工精度可达 IT5 ~ IT01，表面粗糙度可达 $Ra0.63 ~ 0.01$ μm。

图 2-10-2　研磨

【任务解析】

四方块研磨采用平面研磨的方法，它包含了一般平面和狭窄平面研磨。要使样块表面各处都受到均匀的切削，研磨方法与轨迹很重要。研磨方法的正确与否直接影响到研磨的质量，所以掌握正确的研磨方法是重点。通过研磨进一步了解研磨的特点和使用的研具材料、磨料及研磨液的作用，并能达到图样要求。

【相关知识】

神奇的"机械手"

魏红权获得过"全国最美职工""中华技能大奖""全国技能能手"、全国机械工业突出贡献技师、湖北省劳动模范等三十余项殊荣，如图 2-10-3 所示。魏红权经过在工作中多年反复的实践，摸索出了一套超精密的工作方法——"化学刷削"+研磨棒，经过他手工研磨的零部件精度能达到甚至超过机械生产的精度，手工研磨精度达 0.001 mm，即一根头发丝直径的 1/70，人们都称他为"机械手"，他用实际行动诠释了中国兵器的工匠精神。

图 2-10-3　"机械手"魏红权

一、研磨原理

研磨是以物理和化学作用除去零件表层金属的一种加工方法，因而包含着物理和化学的综合作用，是在其他金属切削加工方法未能满足工件精度和表面粗糙度要求时，经常所采用的一种精密加工工艺。

1. 研磨的物理作用

研磨时要求研具材料比被研磨的工件软，这样受到一定压力后，研磨剂中的微小颗粒（磨料）被压嵌在研具表面上，这些细微的磨料具有较高的硬度，像无数刀刃，此时，由于研具和工件的相对运动，使半固定或浮动的磨粒在工件和研具之间做运动轨迹很少重复的滑动和滚动，进而对工件产生微量的切削作用，均匀地从工件表面切去一层极薄的金属，借助于研具的精确型面，可使工件逐渐得到准确的尺寸精度及合格的表面粗糙度。

2. 研磨的化学作用

采用化学研磨剂进行研磨时，与空气接触的工件表面很快就形成一层极薄的氧化膜，且氧化膜又很容易被研磨掉，这就是研磨的化学作用。在研磨过程中，氧化膜迅速形成（化学作用），又不断地被磨掉（物理作用）。经过这样的多次反复，工件表面就能很快地达到预定的精度要求。

由此可见，研磨加工实际体现了物理和化学的综合作用。

二、研磨的特点

1. 较小的表面粗糙度

与车、磨、压光等其他加工方法相比较，经过研磨加工后的工件表面粗糙度值最小，一般情况下，其表面粗糙度值 Ra 为 $1.6 \sim 0.1\ \mu m$，Ra 最小可达 $0.006\ \mu m$。

2. 精确的尺寸精度

通过研磨后的尺寸精度可达 $0.001 \sim 0.005\ mm$。

3. 提高工件的几何精度

研磨可改进工件的几何形状，使工件得到准确形状，一般机械加工方法产生的形状误差都可以通过研磨的方法进行校正。

4. 延长零件的使用寿命

由于研磨后零件表面粗糙度值小、形状准确，零件的耐磨性、抗腐蚀能力和疲劳强度都得到相应提高，故延长了零件的使用寿命。

三、研磨剂种类与应用

研磨剂是由磨料和研磨液调和而成的混合剂。

1.磨料

磨料的作用是研削工件表面，其种类很多，应根据工件材料和加工精度进行选择，如表2-10-1所示。

表2-10-1 常用磨料

系列	名称	代号	特性	适用范围
氧化物	棕刚玉	A	棕褐色，硬度高，韧性大，价格便宜	粗、精研磨钢、铸铁和黄铜
	白刚玉	WA	白色，硬度比棕刚玉高，韧性比棕刚玉差	精研磨淬火钢、高速钢、高碳钢及薄壁零件
	铬刚玉	PA	玫瑰红或紫红色，韧性比白刚玉高，磨削粗糙度值低	研磨量具、仪表零件等
	单晶刚玉	SA	淡黄色或白色，硬度和韧性比白钢玉高	研磨不锈钢、高钒高速钢等强度高、韧性大的材料
碳化物	黑碳化硅	C	黑色、有光泽，硬度比白刚玉高，脆而锋利，导热性和导电性良好	研磨铸铁、黄铜、铝、耐火材料及非金属材料
	绿碳化硅	GC	绿色，硬度和脆性比黑碳化硅高，具有良好的导热性和导电性	研磨硬质合金、宝石、陶瓷、玻璃等材料
	碳化硼	BC	灰黑色，硬度仅次于金刚石，耐磨性好	精研磨和抛光硬质合金、人造宝石等硬质材料
金刚石	人造金刚石	JR	无色透明或淡黄色、黄绿色、黑色，硬度高，比天然金刚石略脆，表面粗糙	粗、精研磨硬质合金、人造宝石、半导体等高硬度脆性材料
	天然金刚石	JT	硬度最高，价格昂贵	
其他	氧化铁		红色至暗红色，比氧化铬硬	精研磨或抛光钢、玻璃等材料
	氧化铬		深绿色	

（1）氧化物磨料

氧化物磨料有粉状和块状两种，主要用于碳素工具钢、合金工具钢、高速钢和铸铁工件的研磨。

（2）碳化物磨料

碳化物磨料呈粉状，它的硬度高于氧化物磨料，除用于一般钢铁材料制件的研磨外，主要用来研磨硬质合金、陶瓷之类的高硬度材料工件。

（3）金刚石磨料

金刚石磨料分人造和天然两种，其切削能力、硬度比氧化物、碳化物磨料都高，实用效果也好。由于金刚石磨料的价格昂贵，故其一般只用于硬质合金、宝石、玛瑙和陶瓷等高硬度材料工件的研磨精加工。

磨料的粗细用粒度表示，根据磨料标准（GB/T 2477—1983），规定粒度用41个粒度代号表示。粒度有两种表示方法：颗粒尺寸大于 50 μm 的磨粒，用筛网筛分的方法测定，粒度号代表的是磨粒所通过的筛网在每 25.4 mm 长度内所含的孔眼数；尺寸很小的磨粒呈微粉状，一般用显微镜测量的方法来测定其粒度。粒度号中的"W"表示微粉。

研磨所用磨料的号数应根据研磨精度的高低选用，如表 2-10-2 所示。

表 2-10-2　磨料号数选择

号数	研磨加工类别	表面粗糙度值 $Ra/\mu m$
W100 ~ W50	用于最初的研磨加工	—
W40 ~ W20	用于粗研磨加工	0.4 ~ 0.2
W14 ~ W7	用于半精研磨加工	0.2 ~ 0.1
W5 以下	用于精研磨加工	0.1 以下

2. 研磨液

研磨液在研磨中起调和磨料、冷却和润滑的作用。

研磨液应具备下列条件。

（1）一定的黏度和稀释能力

磨料通过研磨液的调和均匀附于研具表面，并有一定的黏附性，才能使磨料对工件产生切削作用。

（2）良好润滑、冷却作用

研磨液可使研具在研磨时推动轻松，对操作者健康无害，对工件无腐蚀作用，且易于洗净。

（3）加速研磨

有的研磨液还起着促进工件表面的氧化作用，以加速研磨过程。

常用的研磨液有煤油、汽油、10 号与 20 号全损耗系统用油、工业用甘油、透平油及熟猪油等。

用研磨粉、研磨液和黏结剂配制成研磨膏。使用时，将研磨膏加机械油稀释后即可进行研磨。研磨膏分粗、中、精三种，可按研磨精度的高低选用。

四、常用研具

1. 研具材料

研具材料的硬度应比被研磨的工件软。

（1）灰铸铁

灰铸铁具有润滑性好、磨耗较慢、硬度适中、研磨剂在其表面容易涂布均匀等优点，是一种研磨效果较好、价廉易得的研具材料，因此得到广泛的应用。

（2）球墨铸铁

球墨铸铁一般比灰铸铁更容易嵌存磨料，且更均匀、牢固、适度，同时还能增加研具的耐用度，采用球墨铸铁制作研具已得到广泛应用，尤其用于精密工件的研磨。

（3）软钢

软钢的韧性较好，不容易折断，常用来制作小型的研具，如研磨螺纹和小直径工具、工件等。

（4）铜

铜的性质较软，表面容易被磨料嵌入，适于制作研磨软钢类工件的研具。

2. 研具的类型

生产中需要研磨的工件是各种各样的，不同形状的工件应用不同形状的研具。研具的类型主要有研磨平板、研磨套和研磨棒三种。

五、研磨方法

研磨分手工研磨和机械研磨两种。手工研磨又分为湿研、干研和半干研三种。

1. 手工研磨

（1）湿研

湿研又称敷砂研磨，即把液态研磨剂连续加注或涂敷在研磨表面，磨料在工件与研具间不断滑动和滚动，形成切削运动。湿研一般用于粗研磨，所用微粉磨料粒度比 W7 粗。

（2）干研

干研又称嵌砂研磨，即把磨料均匀压嵌在研具表面层中，研磨时只需在研具表面涂以少量的硬脂酸混合脂等辅助材料。干研常用于精研磨，所用微粉磨料粒度细于 W7。

（3）半干研

半干研类似湿研，所用研磨剂是糊状研磨膏。半干研磨既可用手工操作，也可在研磨机上进行，工件在研磨前须先用其他加工方法获得较高的预加工精度。

2. 研磨方法

（1）一般平面研磨方法

一般平面研磨，工件沿平板全部表面按 8 字形、仿 8 字形或螺旋形运动轨迹进行研磨。

（2）狭窄平面研磨方法

在研磨狭窄平面时，为了防止研磨平面产生倾斜和圆角，可采用金属方块作"导靠"，金属方块和工件紧密地靠在一起，并与工件一起研磨，以保持研磨面与侧面的垂直，如图 2-10-4 所示。

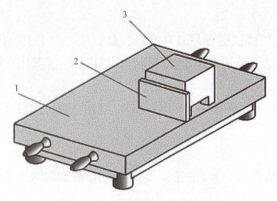

图 2-10-4　采用导靠研磨狭窄平面

1—平板；2—工件；3—靠块

如果研磨工件数量较多，可采用 C 形夹，将几个工件夹在一起研磨，能有效防止工件倾斜，如图 2-10-5 所示。

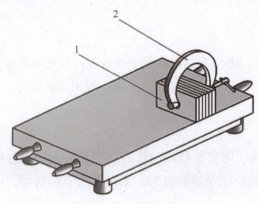

图 2-10-5　采用 C 形夹研磨狭窄平面

1—工件；2—C 形夹头

（3）圆柱面研磨

圆柱面研磨一般是手工与机器配合进行。圆柱面研磨分为外圆柱面研磨和内圆柱面研磨。

1）外圆柱面研磨。

①研磨工具。

外圆柱面研磨时采用研磨环作为主要研具，如图 2-10-6 所示。研磨环的内径应比工件的外径略大 0.025 ~ 0.05 mm，当研磨一段时间后，若研磨环内孔磨大，则可拧紧调节螺钉，使孔径缩小，以达到所需的间隙。

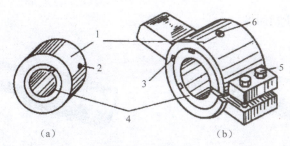

（a）　　　　　　　　　（b）

图 2-10-6　研磨环

（a）固定外圈式研磨环；（b）可调外圈式研磨环

1—外圈；2—调节螺钉；3—通槽；4—开口调节圈；5—紧固螺钉；6—定位螺钉

②研磨方法。

当研磨工件较短时，用自定心卡盘夹持；研磨工件较长时，可在后端用顶尖支承，如图 2-10-7 所示。

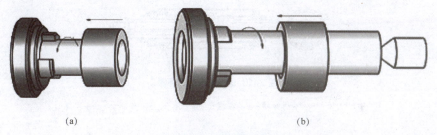

（a）　　　　　　　　　　　　　　（b）

图 2-10-7　外圆柱面研磨方法

（a）工件较短；（b）工件较长

研磨时，先在工件表面上均匀地涂上研磨剂，套上研磨环并调整好间隙（其松紧程度应以用力能转动为宜），然后启动机床带动工件旋转，用手推动研磨环，使研磨环在工件转动的同时沿轴线方向做往复运动。研磨时应注意研磨环不得在某一段上停留，而且需要经常做断续的转动，用以消除因重力作用可能造成的椭圆。

工件的旋转速度应以工件的直径大小来控制，当工件直径小于 80 mm 时，其转速约为 100 r/min；当工件直径大于 100 mm 时，转速约为 50 r/min。

2）内圆柱面研磨。

①研磨工具。

内圆柱面研磨时采用的研具主要是研磨棒，根据其结构的不同，常用研磨棒主要分为固定式和可调式。

固定式研磨棒制造容易，但磨损后无法补偿，多用于单件研磨或机器修理中。固定式研磨棒常分为光滑研磨棒和带槽研磨棒，如图 2-10-8 所示。带槽研磨棒用于粗研磨，光滑研磨棒用于精研磨。

（a）　　　　　　　　　　　　　　　（b）

图 2-10-8　固定式研磨棒

（a）光滑研磨棒；（b）带槽研磨棒

可调式研磨棒能在一定的尺寸范围内进行调节，使用寿命较长，适用于成批生产，应用较广泛，如图 2-10-9 所示。

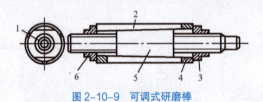

图 2-10-9　可调式研磨棒

1—锥度心棒；2—不通穿槽；3—右螺母；4—外套；5—外锥体；6—左螺母

②研磨方法。

研磨内圆柱面与研磨外圆柱面的方法基本相同，只是将研磨棒夹持在自定心卡盘上，然后将工件的圆柱孔套在研磨棒上进行研磨，如图 2-10-10 所示。

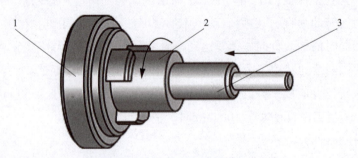

图 2-10-10　内圆柱面研磨方法

1—自定心卡盘；2—工件；3—研磨棒

研磨时，研磨棒的外径与工件内孔的配合应适当，配合太紧，容易将孔表面拉毛；配合太松，孔会被研磨成椭圆形。采用固定式研磨棒时，研磨棒外径应比工件内孔直径小 0.01 ~ 0.025 mm；采用可调式研磨棒时，配合松紧程度一般以手推研磨棒不十分费力为宜。

研磨时，如果工件两端孔口有过多的研磨剂被挤出，应及时擦去，否则会使孔口扩大，以致研成喇叭口形状。研磨棒的工作长度应大于工件内孔的长度，一般是工件内孔长度的 1.5 ~ 2 倍，太长则会影响研磨精度。

（4）圆锥面研磨

研磨工件圆锥表面（包括外圆锥面和圆锥孔）时，研磨棒（套）工作部分的长度应是工件研磨长度的 1.5 倍左右，锥度必须与工件锥度相同，其结构有固定式和可调节式两种。固定式圆锥面研磨棒如图 2-10-11 所示，可调节式圆锥面研磨棒（套）的工作原理与可调节式圆柱面的相同。

图 2-10-11　固定式圆锥面研磨棒

研磨圆锥面一般在车床或钻床上进行，其转动方向应与研磨棒的螺旋方向相适应，如图 2-10-11 所示。在研磨棒（套）上均匀地涂上一层研磨剂，插入工件锥孔内（或套进工件的外圆面）旋转 4 ~ 5 周后，将研具稍微拔出一些，然后再推进研磨，如图 2-10-12 所示。

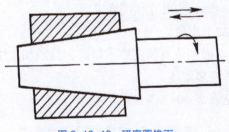

图 2-10-12　研磨圆锥面

3. 研磨时的运动轨迹

为了使工件达到理想的研磨效果，并保持研具磨损均匀，根据工件的不同形状，可以采用以下研磨轨迹。

（1）直线运动轨迹

直线运动轨迹可使工件表面研磨纹路平行，适用于狭长平面工件的研磨。

（2）直线摆动运动轨迹

工件在左右摆动的同时做直线往复运动，适用于对平直圆弧面工件的研磨。

（3）螺旋形运动轨迹

螺旋形研磨运动能使工件获得较高的平面度和很小的表面粗糙度值，适用于对圆柱工件端面进行研磨。

（4）8字形和仿8字形运动轨迹

此轨迹能使研具与工件间的研磨表面保持均匀接触，既能提高工件的研磨质量，又能使研具磨损均匀，常用于研磨平板的修整或小平面工件的研磨。

4. 研磨时的速度和压力

研磨应在低压、低速的情况下进行。研磨压力过大，研磨切削量就大，表面粗糙度值也大，还会压碎磨料划伤工件表面；研磨速度太快，则容易引起工件发热，降低研磨质量。

粗研磨时，压力为 $(1 \sim 2) \times 100$ MPa，速度以 50 次 /min 左右为宜；精研磨时，压力为 $(1 \sim 5) \times 10$ MPa，速度以 30 次 /min 左右为宜。

六、研磨余量

研磨是切削量很小的精密加工，加工余量可根据工件的几何形状和精度要求考虑，面积大或形状复杂、精度要求高的工件，研磨余量取较大值；也可根据预加工的质量要求考虑，预加工的质量高，研磨余量取较小值。由于研磨一遍所能磨去的金属层不超过 0.002 mm，因此研磨余量不能太大，一般研磨余量在 0.005 ~ 0.030 mm 比较适宜。有时研磨余量就留在工件的公差之内。

研磨余量的大小通常从以下三个方面考虑：

1）被研磨工件的几何形状和尺寸精度要求。

2）上道加工工序的加工质量。

3）对于具有双面、多面和位置精度要求很高，且预加工中无工艺装备保证其质量的零件，其研磨余量应适当多留些。

研磨平面加工余量见表 2-10-3。

表 2-10-3　研磨平面加工余量

mm

平面长度	平面宽度≤ 25	平面宽度 >25 ~ 75	平面宽度 >75 ~ 150
≤ 25	0.005 ~ 0.007	0.007 ~ 0.010	0.010 ~ 0.014
>25 ~ 75	0.007 ~ 0.010	0.010 ~ 0.014	0.014 ~ 0.020
>75 ~ 150	0.010 ~ 0.014	0.014 ~ 0.020	0.020 ~ 0.024
>150 ~ 200	0.014 ~ 0.018	0.020 ~ 0.024	0.024 ~ 0.030
注：经过精磨的零件，手工研磨余量每面 0.003 ~ 0.005 mm，机械研磨余量每面 0.005 ~ 0.010 mm。			

七、研磨质量

1.研磨质量检验

研磨后一般采用光隙判别法进行质量检验，如图 2-10-13 所示。观察时，以光隙的颜色来判断其直线度误差，如没有灯箱，也可用自然光源。当光隙颜色为亮白色或白光时，其直线度误差小于 0.02 mm；当光隙颜色为白光或红光时，其直线度误差大于 0.01 mm；当光隙颜色为紫光或蓝光时，其直线度误差大于 0.005 mm；当光隙颜色为蓝光或不透光时，其直线度误差小于 0.005 mm。

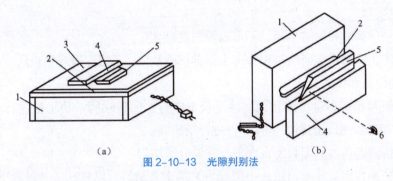

（a）   （b）

图 2-10-13 光隙判别法

（a）垂直方向判别；（b）水平方向判别

1—灯箱；2—量块；3—平板；4—研磨工件；5—刀口尺；6—观察方向

2.研磨常见的缺陷及原因

在实际研磨时，常常会遇到很多缺陷，这些缺陷将直接影响产品质量。为尽量避免缺陷，产生缺陷的原因及预防方法，如表 2-10-4 所示。

表 2-10-4 研磨产生缺陷的原因及预防方法

缺陷形式	产生原因	预防方法
表面不光洁	磨料过粗	正确选用磨料
	研磨液不当	正确选用研磨液
	研磨剂涂得太薄	研磨剂涂布应适当
表面拉毛	研磨剂中混入杂质	重视并做好清洁工作
平面成凸形或孔口扩大	研磨剂涂得太厚	研磨剂应涂得适当
	孔口或工件边缘被挤出的研磨剂未擦除就继续研磨	被挤出的研磨剂应及时擦除后再研磨
	研棒伸出孔口太长	研棒伸出长度适当
孔成椭圆形或有锥度	研磨时没有变换运动方向	研磨时应变换运动方向
	研磨时没有掉头研	研磨时应掉头研

续表

缺陷形式	产生原因	预防方法
薄形工件拱曲变形	工件发热后仍继续研磨	工件温度不应超过50℃，发热后应暂停研磨
	装夹不正确引起变形	装夹要稳定，不能夹得太紧
尺寸或几何形状精度超差	测量时没有在标准温度20℃进行	不要在工件发热时进行精密测量
	不注意经常测量	注意经常在常温下测量

⊚ 注意事项

1）样块研磨时要保持平稳，不可以左右晃动。

2）为防止研磨平板研磨过程中产生局部凹凸缺陷，不能在研磨平板同一位置研磨，要经常变换位置和掉头。

3）粗研与精研尽量不要在同一块平板上进行，如果在同一块平板进行粗、精研，则粗研后一定要将粗研磨料清洗掉，再进行精研磨。

4）磨料研磨剂每次上料不宜太多，并要分布均匀。

5）研磨操作中要注意清洁，不能在研磨剂中夹杂质，以免在研磨过程中划伤工件表面。

6）研磨窄平面时要采用导靠块并将工件与导靠块靠紧，保持研磨平面与侧面垂直，避免研磨过程中产生倾斜和圆角。

7）研磨工具与工件要相对固定其一，否则会造成移动或晃动，容易产生研具与工件损坏及伤人事故。

🔑【任务实施】

一、工具材料领用及准备

工具材料及工作准备见表2-10-5。

表2-10-5　工具材料及工作准备

1.工具/设备/材料				
类别	名称	规格型号	单位	数量
设备	钳工操作台	—	台	40
	台虎钳	—	台	40
	有槽平板	—	个	10
	精密光滑平板	—	个	10

续表

类别	名称	规格型号	单位	数量
工具	千分尺	—	把	10
	刀口直角尺	—	把	10
	方铁导靠块	—	块	10
	杠杆百分表	含表架	块	10
耗材	四方块	任务 9 合格品	块	40
	研磨粉	W50 ~ W100	kg	1
	研磨粉	W40 ~ W20	kg	1
	汽油	—	升	1
	煤油	—	升	1

2. 工作准备

（1）技术资料：教材、各种研磨工具使用说明书、工作任务卡

（2）工作场地：有良好的照明、通风和消防设施等

（3）工具、设备、材料：按"工具 / 设备 / 材料"栏目准备相关工具、设备和材料

（4）建议分组实施教学。每 4 ~ 6 人为一组，需要 10 套研磨工具，通过分组讨论完成四方块研磨工作计划，并实施操作

（5）劳动保护：规范着装，穿戴劳保用品、工作服

二、工艺分析

1. 任务分析

如图 2-10-1 所示，分析可知，本任务是为任务 9 完成的四方块提高尺寸和表面精度，并进行研磨操作，达到精度 ±0.01 mm。

1）采用标准平板进行研磨，粗研磨时用有槽平板，精研磨时用精密光滑平板。

2）正确选用和配制研磨剂。

3）正确进行平面精度的检测。

2. 研磨步骤

1）检查来料尺寸是否符合加工要求。

2）粗研磨选用 W50 ~ W100 的研磨粉（或选用粗型研磨膏），均匀涂在有槽平板的研磨面上，握持四方块，按顺序分别研磨各面，保证尺寸公差 ±0.01 mm。

（3）精研磨采用光滑平板，选用 W40 ~ W20 的研磨粉（或选用细型研磨膏），均匀涂在平板的研磨面上，利用工件自重进行精研磨，使表面粗糙度值达到 $Ra \leqslant 0.2$ μm。

3. 制订四方块刮削的工作计划

在执行计划的过程中填写执行情况表，如表 2-10-6 所示。

表 2-10-6　工作计划执行情况

序号	操作步骤	工作内容	执行情况记录
1	检查坯料	检查圆钢是否符合条件	
2	粗研第一平面	加入研磨剂，进行研磨操作，保证尺寸公差 ±0.01 mm	
3	粗研第二平面	加入研磨剂，进行研磨操作，保证尺寸公差 ±0.01 mm	
4	粗研第三平面	加入研磨剂，进行研磨操作，保证尺寸公差 ±0.01 mm	
5	粗研第四平面	加入研磨剂，进行研磨操作，保证尺寸公差 ±0.01 mm	
6	粗研第五平面	加入研磨剂，进行研磨操作，保证尺寸公差 ±0.01 mm	
7	粗研第六平面	加入研磨剂，进行研磨操作，保证尺寸公差 ±0.01 mm	
8	精研第一平面	加入研磨剂，进行研磨操作，保证表面粗糙度 $Ra \leqslant 0.2\ \mu m$	
9	精研第二平面	加入研磨剂，进行研磨操作，保证表面粗糙度 $Ra \leqslant 0.2\ \mu m$	
10	精研第三平面	加入研磨剂，进行研磨操作，保证表面粗糙度 $Ra \leqslant 0.2\ \mu m$	
11	精研第四平面	加入研磨剂，进行研磨操作，保证表面粗糙度 $Ra \leqslant 0.2\ \mu m$	
12	精研第五平面	加入研磨剂，进行研磨操作，保证表面粗糙度 $Ra \leqslant 0.2\ \mu m$	
13	精研第六平面	加入研磨剂，进行研磨操作，保证表面粗糙度 $Ra \leqslant 0.2\ \mu m$	
14	检查垂直度	用刀口直角尺检查	
15	检查平面度	用百分表检查	
16	检查尺寸	用千分尺检查	
17	全面检查	检查并做必要修整	

【实训报告】

一、实训任务书

课程名称		钳工综合实训		项目 2	钳工基本加工技能
任务 10		四方块研磨		建议学时	8
班级		学生姓名		工作日期	
实训目标	1. 掌握研磨常用工具的基本知识； 2. 掌握研磨的安全文明生产操作规程； 3. 掌握研磨的基本知识； 4. 掌握研磨的基本操作技能				

课程名称	钳工综合实训		项目2	钳工基本加工技能
任务10	四方块研磨		建议学时	8
班级		学生姓名	工作日期	
实训内容	1. 制定四方体研磨工艺过程卡； 2. 正确完成四方体研磨操作			
安全与文明要求	1. 严格执行"7S"管理规范要求； 2. 严格遵守实训场所（工业中心）管理制度； 3. 严格遵守学生守则； 4. 严格遵守实训纪律要求； 5. 严格遵守钳工操作规程			
提交成果	完成四方块研磨、实训报告			
对学生的要求	1. 具备研磨及其常用工具的基本知识； 2. 具备研磨的基本操作能力； 3. 具备一定的实践动手能力、自学能力、分析能力，一定的沟通协调能力、语言表达能力和团队意识； 4. 执行安全、文明生产规范，严格遵守实训场所的制度和劳动纪律； 5. 着装规范（工装），不携带与生产无关的物品进入实训场所； 6. 完成四方块研磨和实训报告			
考核评价	评价内容：工作计划评价、实施过程评价、完成质量评价、文明生产评价等。 评价方式：由学生自评（自述、评价，占10%）、小组评价（分组讨论、评价，占20%）、教师评价（根据学生学习态度、工作报告及现场抽查知识或技能进行评价，占70%）构成该同学该任务成绩			

二、实训准备工作

课程名称	钳工综合实训		项目2	钳工基本加工技能
任务10	四方块研磨		建议学时	8
班级		学生姓名	工作日期	
场地准备描述				
设备准备描述				
工、量具准备描述				
知识准备描述				

三、工艺过程卡

产品名称		零件名称		零件图号		共　　页		
材料		毛坯类型				第　　页		
工序号	工序内容			设备名称				
				工具	夹具	量具		
抄写		校对		审核		批准		

四、考核评价表

考核项目	技术要求	分值	小组自评（10%）	小组互评（20%）	教师评价（70%）	实得分（Σ）
工艺过程（5%）	研磨步骤正确	5				
工具使用（15%）	粗研正确	5				
	精研正确	5				
	研磨操作姿势正确	5				

续表

考核项目	技术要求	分值	小组自评（10%）	小组互评（20%）	教师评价（70%）	实得分（Σ）
完成质量（60%）	60 mm ± 0.01 mm	10				
	30 mm ± 0.01 mm	10				
	垂直度 0.01 mm	10				
	平面度 0.01 mm	15				
	表面粗糙度 $Ra \leqslant 0.2$ μm	15				
文明生产（10%）	安全操作	5				
	工作场所整理	5				
相关知识及职业能力（10%）	研磨基本知识	2				
	自学能力	2				
	表达沟通能力	2				
	合作能力	2				
	创新能力	2				
总分（Σ）		100				

【项目总结】

本项目主要介绍了钳工加工需要的基本技能，分别介绍了每种加工技能的原理及其加工的目的、使用的基本工具及其使用的操作要领。通过本项目任务的操作，完成了正六边形划线、轴承座立体划线、圆棒料锯削、六角螺母锉削、四方体錾削、六角螺母钻孔、六角螺母攻螺纹、螺杆套螺纹、四方块刮削、四方块研磨等钳工基本技能的加工工作，为钳工综合加工后续项目的实施打下了良好的基础。

项目 3

钳工综合技能

项目导入

钳工是使用钳工工具或设备，主要从事工件的划线与加工、机器的装配与调试、设备的安装与维修及工具的制造与修理等工作的工种，应用在以机械加工方法不方便或难以解决的场合。其特点是以手工操作为主、灵活性强、工作范围广、技术要求高，操作者的技能水平直接会影响产品的质量。因此，钳工是机械制造业中不可缺少的工种。在机床制造业中，如机床的装配、机床结构的维修等工作岗位对钳工操作技术的要求更高。

本项目是对前面已经学习的知识与技能的总结提升，加深已学知识和技能，对已学知识和技能进行检验与应用，以便能熟练进行较复杂零件的钳工综合加工。只有熟练掌握各项钳工操作技术，才能在今后的工作中做到得心应手，较好地完成装配或维修任务。

学习目标

【知识目标】

（1）能够完整阐述锉配的基本原理；

（2）能够完整阐述装配的基本原理；

（3）能够完整阐述常见零件的装配要求；

（4）能够正确描述装配工具的基本构造；

（5）能够完整阐述钳工安全文明操作的基本要求。

【能力目标】

（1）具备根据图纸选择合理的钳工加工技能并正确进行操作的能力；

（2）具备正确使用钳工加工工具、量具和设备的能力；

（3）具备正确完成钳工加工产品的能力；

（4）具备正确进行锉配的能力；

（5）具备正确分析装配工艺并完成装配的能力；

（6）具备进行安全文明操作的能力。

【素质目标】

（1）培养严格遵守安全文明生产规范的工作作风；

（2）培养团队合作的良好工作氛围；

（3）培养精益求精的工匠精神。

任务 1　四方体锉配

【任务目标】

（1）能够详细阐述锉配的基本原理；

（2）能够阐述锉配的基本方法；

（3）具备正确进行锉配精度分配的能力；

（4）具备正确编制锉配工艺的能力；

（5）具备正确进行锉配加工的能力。

【任务描述】

四方体锉配是一种配合件加工，如图 3-1-1 所示。

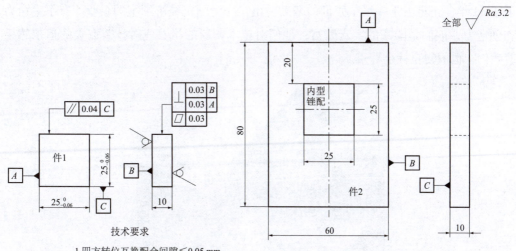

技术要求

1.四方转位互换配合间隙≤0.05 mm。
2.去全部锐边。

图 3-1-1　四方体

其主要目标是：通过对四方体进行锉配加工，进一步巩固已学的钳工基本知识和技能，较熟练地使用工、量具和机械设备对四方体进行划线、锉、锯、钻、测量、修配等加工，特别是学习掌握封闭零件的锉配工艺，以达到提高锉削加工技能水平的目的。

【任务解析】

1）四方体锉配中应注意尺寸和形位公差的控制，测量时对平面度、垂直度和尺寸同时测量，全面综合地进行分析，需要在控制尺寸误差的同时，考虑修正形位误差。

2）四方体锉配时各内平面应与基准大平面垂直，以防止配合后产生喇叭口；试配时，必须认真修配，以达到配合精度要求；试配时不可以用手锤敲打，防止锉配面"咬毛"或将工件"敲伤"。

【相关知识】

"丝极"标准

蛟龙号深海载人潜水器是我国自主研发的，去过世界上最深的海沟——马里亚纳海沟，能够下潜探索 99.8% 的海洋区域，最大工作设计深度是 7 000 m，在国际上处于领先位置。蛟龙号潜水器有数以十万的零部件，把它们造出来，对拥有完全工业体系的中国来说，或许不算最难，但是要让这些零部件完完整整地组装起来，不会在深海中被海水的巨大压力压成铁饼，就要在组装过程中做到绝对的密封性，即对组装的精密度要求极高，要达到"丝级"标准。而所谓的"丝级"标准指的是安装缝隙要控制在一根头发直径的 1/50，多一毫厘都可能造成不可挽救的后果。当时，此项工作是由顾秋亮完成的，如图 3-1-2 所示，他在中国船舶重工集团第七○二研究所的钳工岗位干了 43 年，正是由于一线工匠们的辛勤付出，作为国家经济细胞的企业才有了生命力和创造力，他们是国家的宝贵财富，他们对技术创新的执着、对技艺完美的追求感染着我们，也值得全社会尊重。

图 3-1-2　大国工匠——顾秋亮

一、锉配

锉配是指通过锉削，使一个零件（基准件）能放入另一个零件（配合件）的孔或槽内，且配合精度符合要求，常广泛应用于机器装配、修理及工模具的制造上。

1. 锉配件的常见技术要求

锉配件的技术要求通常有尺寸（含间隙）精度、几何精度和表面粗糙度。

（1）尺寸精度（含间隙）

通常可以在锉削过程中，用通用量具进行检测。

1）平面类尺寸可以用游标卡尺、千分尺、百分表、塞尺等进行检测。

2）角度尺寸可以用直角尺、游标卡尺、万能角度尺和正弦规等进行检测。

3）圆弧类尺寸可以用半径规、测量心轴等进行检测。

4）配合间隙可以用塞尺或透光法来判定。

（2）几何精度

1）平面类的平面度误差可以用刀口形直尺、百分表等检测，垂直度误差可以用直角尺检测，平行度误差可以用千分尺（计算法）、百分表检测。

2）角度类的平面度误差可以用刀口形直尺检测，垂直度误差可以用直角尺检测。

3）圆弧类的轮廓度误差可以用半径样规或心轴检测，垂直度误差可以用直角尺检测。

4）对称度误差可以用百分表检测或间接测量。

（3）表面粗糙度

表面粗糙度可以通过经验法目测或用粗糙度仪进行测量。

（4）清角

2. 锉配件的类型

锉配件的配合表面通常有平面配合、角度面配合和圆弧面配合。

（1）开式半封闭配合

对于此类配合件的加工，由于是开式半封闭配合，从形状上看通常是一件（通常是凸件）作为基准进行加工，另一件（凹件）作为配合件进行修配式加工，以达到图样的技术要求，如图 3-1-3 所示。

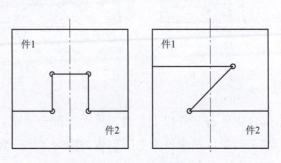

图 3-1-3 开式半封闭配合

（2）闭式配合

此类零件的加工，由于是闭式的，故通常以内配件（凸件）作为基准加工，外件凹件内腔通过修配的方式来与凸件进行配合加工，即通常要求凸件通过翻转位置来配合，如图 3-1-4 所示。

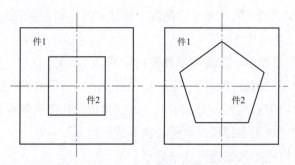

图 3-1-4　闭式配合

（3）不见面配合（盲配）

此类加工的特点是，两配合件在完成前各自按图加工，无法进行面对面试配加工，通常是在检测前分离两件，然后由检测人员进行配合检测。检测加工有一定的难度，对尺寸公差、几何公差的要求较高，关键尺寸公差常常通过工艺尺寸链计算获得，并进行加工控制，也可以通过量块、百分表进行计算加工控制，如图 3-1-5 所示。

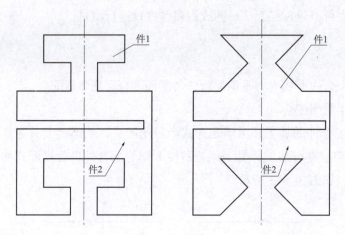

图 3-1-5　盲配

（4）多件配合

此类配合通常指配合零件有三件以上（含三件）的配合。这类加工的特点是，零件多，辅助基准多，加工时虽以基准件为主，但也需综合考虑，常常要求零件在不同的位置进行配合，如图 3-1-6 所示。

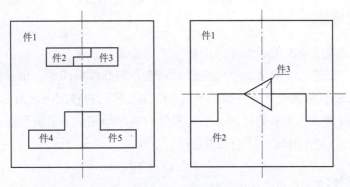

图 3-1-6　多件配合

（5）旋转配合

此类零件配合后通常对基准件有旋转多个角度进行配合的要求，故对角度和位置公差的要求较高，对对称度或分度精度的要求高，如图 3-1-7 所示。

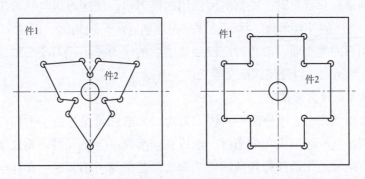

图 3-1-7　旋转配合

（6）装配式配合

此类加工的特点是，锉配后有装配要求，通常零件数量较多，对孔系加工、螺纹孔和铰孔加工的精度要求较高，且对定位销配合也有要求，如调整技术要求较高的四方定位组合即属于此类配合，如图 3-1-8 所示。

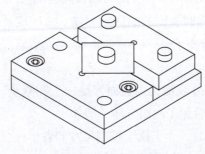

图 3-1-8　四方定位组合

二、锉配原则

锉配工作是先把镶配的两个零件中的一个加工至符合图样要求，再根据已加工好的零件锉配另一工件，一般情况下先粗锉后精锉、先凸件后凹件。由于外表面容易加工且方便测量，所以应先锉好外表面的零件（凸件），然后再锉配内表面的零件（凹件），但有些镶配件因为加工要求的原因，加工零件的顺序会相反。根据图纸要求编制好正确的加工工艺，是加工好镶配件的基本条件。

三、锉配技巧

1. 外直角面或平行面锉削

外直角面或平行面的锉削，通常是先锉削好一个面，以锉削好的面作为基准，再锉削基准面的垂直面或基准面的平行面。

2. 内直角面的锉削及清角

锉削内直角面和清角时，应修磨所使用的锉刀边，使锉刀边与锉刀工作面形成小于 90° 的角。与锉削外直角面一样，通常是先锉削好一个内角面，以这个面作为基准，再锉削另一相邻的垂直面。清角时应使用修磨后的锉刀或小锉刀小心地进行锉削。锉刀应尽量做直线运动，以便使两面交界处成一直线。

3. 清角锉刀及锐角的锉削

在锉削清角锉刀时，应修磨平板锉刀刀边或修磨三角锉刀的一个面，与锉刀工作面形成的角度小于所锉削锐角的角度，这样在锉削时不会伤及另一面且便于清角。在进行锉削时，通常是先锉削好锐角的一个面，再锉削另一相邻面。在锉削锐角时，应选择好便于加工和检测的基准面。

4. 对称件的锉削

对称件的锉削，一般先加工好一边，并且是基准面的对立一边，再加工另一边，即可以先锯割、锉削 3 面和 4 面，保证尺寸 B 的加工精度，再锯割、锉削 1 面和 2 面，保证尺寸 A 与外形的对称度要求，如图 3-1-9 所示。

5. 圆弧面的锉削

在锉削圆弧面时，可以采用横锉（对着圆弧面锉削），顺着圆弧面锉削、推锉等方法，锉削时，要求经常检测圆弧面的曲面轮廓度、直线度及与端面的垂直度，发现问题及时纠正，才能达到配合要求。

6. 四方锉配的方法

1）由于镶配锉削加工外表面比内表面容易加工和测量，易达到较高精度，因此，先加工外四方体（凸件），后加工内四方体（凹件）。

2）在进行内表面加工时，为了便于控制尺寸和各形位公差，一般都会选择有关外表面作为测量基准，因此，外四方体外形基准面加工时必须达到较高的精度要求。

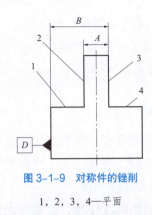

图 3-1-9　对称件的锉削

1，2，3，4—平面

3）遇到凹形表面的形位公差无法测量时，可预先加工样板，利用样板来检测内表面。

4）内四方体内角清角时所用锉刀一侧棱边必须修磨至小于 90°，且棱角笔直锋利，锉削时修磨边紧贴内棱角进行直线锉削。

四、锉削基准的选择

1）选用已加工最大平整面作为锉削基准。

2）选用锉削量最少的面作为锉削基准。

3）选用划线基准、测量基准作为锉削基准。

4）选用加工精度最高的面作为锉削基准。

五、锉配间隙的控制

1）严格保证锉削的平面度、平行度和垂直度符合图纸的要求，同时做到及时测量尺寸，正确使用游标卡尺、千分尺，在平时训练中可以先用游标卡尺测量尺寸，再用千分尺来测量尺寸，两者进行比较，找出使用游标卡尺的力度，以正确使用游标卡尺。不能以划线尺寸来代替测量尺寸，在测量中，一个尺寸要多测量几个点，使每个地方的尺寸都符合图纸的要求。

2）间隙超标不能互换的原因：基准件尺寸掌握不住，另外，在锉削凹槽类工件时，由于不清角，进行配合时凸件进不去，就去扩大凹槽的尺寸，进而导致凹槽类尺寸偏大，使间隙过大；在有互换要求的工件锉配中，致使相关尺寸不一致，使工件不能互换；在锉削中，由于垂直度掌握不好，致使配合间隙不均匀，出现喇叭口。

针对以上原因，在加工中需严格控制加工尺寸和形位公差，把测量、加工误差控制在最小范围内，且在加工中要经常检测加工面的垂直度，及时清角，做到整体检查、微量修整，并及时锉去局部的硬点，以保证互换的要求。

3）凹凸件对称度不好的解决办法是在加工中必须控制好凸台和凹槽相对于外侧面的对称度，即用深度千分尺控制凸台的对称度，用外径千分尺控制凹槽的对称度。

4）配合尺寸达不到要求的原因是忽视配合件尺寸，不注意测量配合尺寸。因此，在保证基准件尺寸的情况下，应提高配合件的尺寸精度，及时测量配合尺寸，努力做到整体修配，达到配合尺寸的要求。

六、表面粗糙度控制方法

工件加工后对工件的表面粗糙度有一定的要求，但如果对表面粗糙度的概念理解不深，只要求对工件尺寸进行控制，那么，加工出来的工件也是不能完全符合图纸要求的，即表面粗糙度也是工件的加工要求之一。

通常可以先通过多接触表面粗糙度样板，加强表面粗糙度的理解，增强表面粗糙度等级的印象，然后在锉削练习时观察用粗齿、中齿、细齿锉刀加工表面后所能达到的最高表面粗糙度值，与表面粗糙度样板进行对比，一般以铣削样板为标准进行比较。粗齿锉刀用来粗加工，中齿锉刀进行尺寸控制，细齿锉刀可以对工件尺寸进行精度修整和表面粗糙度加工。在对操作能力进行充分了解后，锉削时可根据锉削加工量的大小把加工余量分为三份，即粗加工余量、尺寸控制余量、精度修整和表面粗糙度加工余量。加工时应正确选择锉刀，在用粗锉刀进行加工时，一定要留出精加工余量，以便用中、细锉刀进行精加工；在最后进行锉削时一定要采用顺向锉削方法，可极大地减小工件的表面粗糙度值。

【任务实施】

一、工具材料领用及准备

工具材料及工作准备见表 3-1-1。

表 3-1-1　工具材料及工作准备

1. 工具 / 设备 / 材料				
类别	名称	规格型号	单位	数量
设备	钳工操作台	—	台	40
	台虎钳	—	台	40
	台钻	ST-16	台	4
	平口钳	—	把	4
	划线方箱	—	个	10
	划线平台	—	个	10
工具	千分尺	—	把	10
	刀口直角尺	—	把	10

续表

类别	名称	规格型号	单位	数量
工具	游标卡尺	150 mm	把	10
	高度游标卡尺	300 mm	把	10
	手锤	—	把	10
	样冲	—	个	10
	划针	—	个	10
	软钳口	—	对	40
	铜丝刷	—	把	10
	锉刀	粗齿 300 mm	把	10
	锉刀	中齿 200 mm	把	10
	锉刀	中齿 150 mm	把	10
	方锉	10 mm × 10 mm	把	10
	錾子	—	把	10
	塞尺	0.02 ~ 0.5 mm	把	10
	整形锉	—	套	10
耗材	坯料	Q235A 81 mm × 61 mm × 10 mm	块	40
	坯料	Q235A 26 mm × 26 mm × 10 mm	块	40
	钻头	ϕ3 mm	支	4
	长柄刷	—	把	4

2. 工作准备

（1）技术资料：教材、各种锉配工具使用说明书、工作任务卡

（2）工作场地：有良好的照明、通风和消防设施等

（3）工具、设备、材料：按"工具/设备/材料"栏目准备相关工具、设备和材料

（4）建议分组实施教学。每 4 ~ 6 人为一组，需要 10 套锉配工具，通过分组讨论完成四方体锉配工作计划，并实施操作

（5）劳动保护：规范着装，穿戴劳保用品、工作服

二、工艺分析

1. 任务分析

如图 3-1-1 所示，分析可知，本任务是应用已学知识编制闭式锉配（四方体）加工工艺，概括内直角锉配时的注意事项，分析锉配间隙的控制方法，完成锉配四方体精度的误差检验和修正，较熟练地使用量具进行准确测量，并掌握锉配精度的误差检

验和修正方法。

2. 锉配步骤

1）检查毛坯是否与图纸相符合，准备所需的工具、量具、夹具，并对设备进行检查（如台钻）。

2）加工四方凸件（件1）。

①外形加工及划线。

②钻排孔，去余料。

③内四方体锉配。

④试配。

⑤精修整个面。

3）加工四方凹件（件2）。

①外形加工及划线。

②钻排孔，去余料。

③内四方锉配。

④试配。

⑤精修整个面。

3. 制订四方体锉配的工作计划

在执行计划的过程中填写执行情况表，如表3-1-2所示。

表3-1-2　工作计划执行情况

序号	操作步骤	工作内容	执行情况记录
1	检查坯料	检查坯料是否符合条件	
2	凸件（件1）划线	按照图纸对件1进行正确划线	
3	凸件（件1）锉削	正确对件1四个平面进行锉削加工	
4	凸件（件1）各个平面检查及修整	正确进行修整，保证各个平面相互垂直	
5	凹件（件2）外形加工	按照图纸正确对件2基准 A、B 进行加工	
6	基准平面检查及修整	正确进行修整，保证基准 A、B 相互垂直，同时与平面 C 保持垂直	
7	划线并打样冲眼	根据图纸，正确进行样冲眼划线	
8	钻排孔	正确进行排孔、钻孔	
9	錾削余料	正确进行余料錾削加工	
10	对方孔进行粗锉加工	对錾削后的方孔进行正确的粗锉加工	
11	精锉方孔与基准 A 接近并平行的平面（第一加工平面）	正确精锉达到平面度，控制尺寸在20 mm	

续表

序号	操作步骤	工作内容	执行情况记录
12	检查方孔的精锉平面并修整	正确进行修整，并与大平面 A 平行及与大平面 C 垂直	
13	精锉方孔与第一加工平面平行的平面（第二加工平面）	正确精锉平面，达到与第一加工平面平行，接近 25 mm 尺寸	
14	试配	可用四方体的一角进行试配，应使其较紧地塞入，留有修整余量	
15	精锉方孔与第一加工平面相垂直的平面（第三加工平面）	正确精锉平面达到平面度	
16	检查方孔的第三加工平面并修整	正确进行修整，并与大平面 C 垂直及与平面 B 平行，同时保证达到平面一、二、三加工平面相互垂直	
17	精锉方孔与第三加工平面相平行的平面（第四加工平面）	正确精锉平面，达到与第三加工平面平行	
18	试配并修整	做四方体试配，使其较紧地塞入，并注意观察其相邻面的垂直度情况，做适当修整	
19	整体检查及修整	正确用四方体配锉，用透光法检查接触部位，并进行修整	

【实训报告】

一、实训任务书

课程名称	钳工综合实训		项目 3	钳工综合技能
任务 1	四方体锉配		建议学时	8
班级		学生姓名	工作日期	
实训目标	1. 掌握锉配常用工具的基本知识； 2. 掌握锉配的安全文明生产操作规程； 3. 掌握锉配的基本知识； 4. 掌握锉配的基本操作技能			
实训内容	1. 制定四方体锉配工艺过程卡； 2. 正确完成四方体锉配操作			
安全与文明要求	1. 严格执行"7S"管理规范要求； 2. 严格遵守实训场所（工业中心）管理制度； 3. 严格遵守学生守则； 4. 严格遵守实训纪律要求； 5. 严格遵守钳工操作规程			
提交成果	完成四方体锉配、实训报告			

续表

课程名称	钳工综合实训		项目 3	钳工综合技能
任务 1	四方体锉配		建议学时	8
班级		学生姓名	工作日期	
对学生的要求	1. 具备锉配及其常用工具的基本知识； 2. 具备锉配的基本操作能力； 3. 具备一定的实践动手能力、自学能力、分析能力，一定的沟通协调能力、语言表达能力和团队意识； 4. 执行安全、文明生产规范，严格遵守实训场所的制度和劳动纪律； 5. 着装规范（工装），不携带与生产无关的物品进入实训场所； 6. 完成四方体锉配和实训报告			
考核评价	评价内容：工作计划评价、实施过程评价、完成质量评价、文明生产评价等。 评价方式：由学生自评（自述、评价，占 10%）、小组评价（分组讨论、评价，占 20%）、教师评价（根据学生学习态度、工作报告及现场抽查知识或技能进行评价，占 70%）构成该同学该任务成绩			

二、实训准备工作

课程名称	钳工综合实训		项目三	钳工综合技能
任务 1	四方体锉配		建议学时	8
班级		学生姓名	工作日期	
场地准备描述				
设备准备描述				
工、量具准备描述				
知识准备描述				

三、工艺过程卡

产品名称		零件名称		零件图号		共 页
材料		毛坯类型				第 页
工序号		工序内容		设备名称		
				工具	夹具	量具

续表

产品名称		零件名称		零件图号		共 页	
材料		毛坯类型				第 页	
工序号		工序内容		设备名称			
				工具	夹具	量具	
抄写		校对		审核		批准	

四、考核评价表

考核项目	技术要求	分值	小组自评（10%）	小组互评（20%）	教师评价（70%）	实得分（Σ）
工艺过程（5%）	锉配步骤正确	5				
工具使用（15%）	钻孔正确	5				
	锉削正确	5				
	錾削正确	5				
完成质量（60%）	平行度 0.04 mm	6				
	平面度 0.03 mm	12				
	垂直度 0.03 mm	12				
	配合间隙≤ 0.05 mm	20				
	表面粗糙度 3.2 μm	10				
文明生产（10%）	安全操作	5				
	工作场所整理	5				
相关知识及职业能力（10%）	锉配基本知识	2				
	自学能力	2				
	表达沟通能力	2				
	合作能力	2				
	创新能力	2				
总分（Σ）		100				

任务 2　塑料模具装配

【任务目标】

（1）能够详细阐述常见零件装配的基本原理；

（2）能够阐述常见零件装配的基本方法；

（3）具备正确使用装配工具的能力；

（4）具备正确编制装配工艺的能力；

（5）具备正确进行装配操作的能力。

【任务描述】

根据中等复杂的塑料模具的组成结构和工作特点，如图 3-2-1 所示，先熟悉装配工艺和技术要求，在掌握理论知识、操作方法和操作技能后，按照工艺要求进行装配，并在装配完成后进行调整和检测。

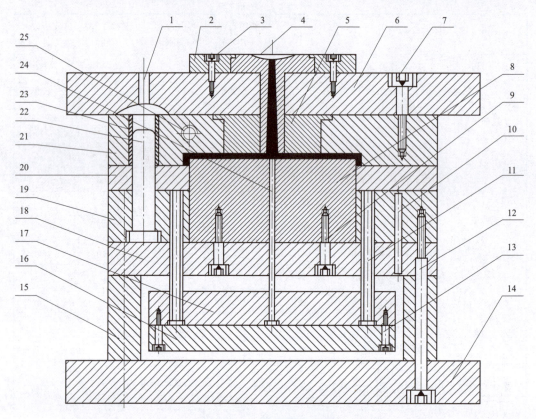

图 3-2-1　塑料模具装配图

1，10—定位销；2—定位圈；3，7，9，12，13—内六角螺钉；4—浇口套；5—入子；
6—定模座板；8—型芯；11—复位杆；14—动模座板；15—垫块；16—顶杆垫板；17—顶杆固定板；
18—支撑板；19—动模板；20—推板；21—定模板；22—导柱；23—导套；24—拉料杆；25—水嘴

【任务解析】

通过对塑料模具进行装配，全面认识塑料模具典型结构及零部件的装配，为模具设计与制造奠定良好的基础。同时，了解塑料模具零件相互之间的装配形式及配合关系，以及塑料模具各种零件在模具中的作用，全面掌握模具的装配过程、方法和各种工具的使用，进而掌握模具装配操作技能，培养分析问题和解决问题的能力。

【相关知识】

"中国精度"

夏立是中国电科网络通信研究院高级技师，如图 3-2-2 所示，他从业 30 多年来一直坚守在生产一线，先后出色完成了嫦娥探月工程、"中国天眼""北斗"工程等多个高端重要工程项目的装配及保障任务，装配的齿轮间隙仅有 0.004 mm，精密程度非常高。他还攻克了百余项技术难关，获得了多项发明专利，为我国的军事通信、卫星导航定位、军事测控等作出了突出贡献。夏立亲手装配的天线，亮过"天眼"、指过"北斗"、送过"神舟"、护过战舰，用一次次的极致磨砺，不断提升着"中国精度"。

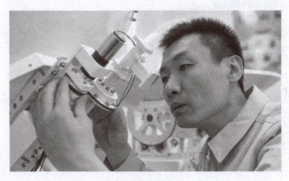

图 3-2-2　大国工匠——夏立

一、装配的基本知识

1. 装配

装配是按照规定的技术要求，将若干个零件组装成部件或将若干个零件和部件组装成产品的过程，即将已经加工好，并经检验合格的单个零件，通过各种形式，依次连接在一起，使之成为部件或产品的过程。

（1）装配基本知识

1）装配的分类。

装配分为组件装配、部件装配、总装配，整个装配过程按装配作业规程进行。

2）装配方法。

装配方法有互换装配法、分组装配法、调速装配法和修配装配法。

3）装配过程的三要素。

装配过程关键的要素有定位、支撑和夹紧。

（2）装配基本要求

1）明确装配图在装配中的作用。

①帮助观察图形。

装配图能表达零件之间的装配关系、相互位置关系和工作原理。

②帮助分析尺寸。

分析零件之间的配合尺寸、位置尺寸及安装尺寸等。

③帮助了解技术条件。

了解装配、调整、检验等有关技术要求。

④了解标题栏中的内容和零件明细表。

2）装配时，应检查零件与装配有关的形状和尺寸精度是否合格，检查零件有无变形、损坏等，并应注意零件上各种标记，防止错装。

3）固定连接的零部件不允许有间隙；活动的零件应能在正常的间隙下灵活、均匀地按规定方向运动，不应有跳动。

4）各运动部件（或零件）的接触表面必须有足够的润滑，并保证油路畅通。

5）各种管道和密封部位装配后不得有渗漏现象。

6）试运行前，应检查各个部件连接的可靠性和运动的灵活性，各操纵手柄是否灵活、手柄位置是否合适；试运行前，应从低速（压）到高速（压）逐步进行。

（3）装配工艺过程

1）制定装配工艺过程的步骤（准备工作）。

①研究和熟悉产品装配图及有关的技术资料，了解产品的结构、各零件的作用、相互关系及连接方法。

②确定装配方法。

③划分装配单元，确定装配顺序。

④选择并准备装配时所需的工具、量具和辅具等。

⑤制定装配工艺卡片。

2）装配过程。

装配遵循的原则：先下后上，先内后外，先难后易，先精密后一般。

①部件装配。

把零件装配成部件的过程叫部件装配。

②总装装配。

把零件和部件装配成最终产品的过程叫总装装配。

3）调整、精度检验。

①调整工作就是调节零件或机构部件的相互位置、配合间隙和结合松紧等，目的是使机构或机器工作协调。

②精度检验就是利用检测工具，对产品的工作精度、几何精度进行检测，直至达到技术要求为止。

4）涂装、防护、扫尾、装箱。

①涂装是为了防止不加工面锈蚀和使产品外表美观。

②涂油是使产品工作表面和零件的已加工表面不生锈。

③扫尾是前期工作的检查确认，使之最终完整，符合要求。

④装箱是产品的保管，待发运。

（4）装配前零件的清理

在装配过程中，必须保证没有杂质留在零件或部件中，否则就会迅速磨损机器的摩擦表面，严重的会使机器在很短的时间内损坏。由此可见，零件在装配前的清理和清洗工作对提高产品质量、延长其使用寿命有着重要的意义，特别是对于轴承精密配合件、液压元件、密封件以及有特殊清洗要求的零件等。

1）装配前，清除零件上的残存物，如型砂、铁锈、切屑、油污及其他污物。

2）装配后，清除在装配时产生的金属切屑，如钻孔、铰孔、攻螺纹等加工的残存切屑。

3）部件或机器试运行后，洗去由摩擦、运行等产生的金属微粒及其他污物。

（5）拆卸工作的要求

1）机器拆卸工作，应按其结构的不同，预先考虑拆卸顺序，以免先后倒置，或贪图省事猛拆猛敲，造成零件损伤或变形。

2）拆卸的顺序应与装配的顺序相反。

3）拆卸时，使用的工具必须保证对合格零件不会造成损伤，严禁用锤子直接在零件的工作表面上敲击。

4）拆卸时，零件的旋松方向必须辨别清楚。

5）拆下的零部件必须有次序、有规则地放好，并按原来结构套在一起，配合件上做记号，以免弄乱。对丝杠、长轴类零件必须正确放置，防止变形。

2. 装配钳工作业要求

装配钳工作业时，基本要求是：零件摆放整齐；通常零件不允许敲击；正确使用螺钉旋具或扳手拧紧螺钉；工艺规定有转矩的地方要经常用扭力扳手检查；保证设备工装工具处于齐全完好的工作状态；装配钳工应有保证整机装配质量的全局观念；合作的工位一定要互相配合好；要认真装好每一个零部件，凡是装配中损坏的零件要及时更换，发现漏装、错装的零件要及时排除；装配过程中不允许超工位作业。

（1）装配作业具体要求

1）作业前。

检查工具是否完好，品种、规格及数量是否正确；操作设备的人员应让设备先空运行 3 ～ 5 min，观察运转情况；检查待装配零件和部件是否完整，发现缺件及时通知调度；检查本工位所操作的前后工位，查看其零件是否装完整，以防交接班中出现漏装现象等。

2）作业中。

上班工作应集中精力，不得无故擅自离开工作岗位，若要离开应由流动工顶替；保证工位上整齐清洁，零件、料头不许乱扔；对于易变形的零件或长轴，摆放时要考虑数量及摆放位置，防止造成零件变形。

螺钉、螺栓和螺母紧固时严禁敲击或使用不合适的螺钉旋具与扳手，紧固后螺钉槽、螺母、螺钉及螺栓头部不得损伤。装配过程中零件不得磕碰、划伤和锈蚀，除有特殊要求外，其余所有零件都必须把零件的夹角和锐边倒钝。油漆未干的零件不得装配。

严格按工艺执行，认真装完每一个零部件，若有问题应先电话通知调度方可停线；若有工具损坏，应及时按规定办法更换；不应赶时间超工位，应在零件存放附近操作，避免远距离、往返操作影响其他工位。

3）作业后。

凡装配操作的产品，在下班前必须按工艺规定装完整，不允许漏装、错装、漏加油等；有交接班记录的工位必须认真填写交接班记录；打扫工位附近地面，清扫垃圾杂物，把零件摆放整齐；吊具放在妥善位置，不允许将重物吊在空中；下班时应关闭所有操作设备的电源开关。以上工作做完后，方能离开车间。

（2）对装配工的一般技术要求

1）应知企业所生产产品的一般结构及主要零部件总成的名称、构造和工作原理。

2）应懂得装配的一般常识和螺纹连接的基本知识。

3）应熟悉本工位零件总成的名称和编号，掌握标准件的名称、代号规格及拧紧力矩。

4）应熟知常用装配工具的名称、规格、使用及维护方法并会正确使用。

5）懂得本工位所用设备的构造、原理和操作规程，掌握正确的使用方法，了解设备的保养方法，会正确操作本工位的设备。

6）掌握本工位的装配工艺及技术要求。

7）能鉴别本工位的装配质量，会选用合格的装配零件。

8）能按工艺要求在节拍内高质量地完成本工位的操作内容。

（3）通用机械装配技术要求

装配质量的高低直接关系到整个机械的质量。因此，在机械装配的过程中必须达到下列技术要求：

1）装配的完整性。

必须按工艺规定将所有零部件、总成装上，不得有漏装、少装现象，不要忽视小零件的装配。

2）装配的统一性。

按生产计划对照各基本型号，按工艺要求装配，不得误装、错装和漏装，装配方法必须符合工艺要求，且要统一。

3）装配的紧固性。

用螺钉和螺母将两件以上的零件连接起来，必须保证具有一定的拧紧力矩。凡是螺栓、螺母、螺钉等件，必须达到规定的力矩要求，应交叉紧固的必须交叉紧固，否则会造成螺母松动，带来安全隐患。螺纹连接严禁过紧，过紧会造成螺纹变形、螺母卸不下来。关键部位的连接，其转矩在工艺卡上作了专门的规定，在这些地方拧紧螺钉、螺母时，必须经常自检。

4）装配的润滑性。

按工艺要求，凡润滑部位必须加注定量的润滑油和润滑脂，加油量必须按工艺要求加。

5）装配的密封性。

装油封时，将零件擦拭干净，涂好机油，轻轻装入，油封不到刃口，否则会产生漏油，即确保油封装配的密封性。空气管路装配密封性要求空气管路里连接处必须均匀涂上一层密封胶，锥管接头要涂在螺纹上，管路连接胶管要涂在管箍接触面上，管路不得变形或歪斜。检查方式是在各连接部位涂上肥皂水，检查是否漏气，如有气泡，则说明该处漏气。一般情况下用扳手把连接头拧紧一下，漏气现象可能消除；如果仍有漏气，则需拆卸重新装配。

3. 装配工艺规程

装配工艺规程是指规定装配全部部件和整个产品的工艺过程，以及所使用的设备和工具、量具、夹具等的技术文件。它规定部件及产品的装配顺序、装配方法、装配技术要求、检验方法，以及装配所需设备、工具、夹具及时间定额等，是提高产品质量和劳动生产率的必要措施，也是组织装配生产的重要依据。

（1）装配工艺过程

1）装配前的准备工作。

熟悉产品的装配图及技术条件，了解产品结构、零件作用及相互连接方式；确定装配方法、顺序，准备所需要的工、夹具；对零件进行清理和清洗，并检查零件加工质量。对有特殊要求的零部件还需进行平衡以及密封零件的压力试验等。

2）装配工作。

对比较复杂的产品，其装配工作常分为部件装配和总装配。凡是将两个以上零件组合在一起或将零件与几个组件结合在一起，成为一个装配单元的装配工作，均称为部件装配。将零件和部件组成一台完整产品的装配工作，称为总装配。

3）调整、精度检验和试运行。

调整是指调节零件或机构的相互位置、配合间隙和结合松紧等，使机器工作协调。精度检验是检验机构或机器的几何精度和工作精度。试运行的目的是检验试验机构或机器运转的灵活性、振动情况、工作温升、噪声和功率等性能参数是否达到要求。

4）涂装、涂油、装箱。

涂装是为了防止加工面锈蚀并使机器外表更加美观，涂油是为了防止工作表面及零件已加工表面锈蚀，装箱是为了便于运输。

（2）装配工作的组织形式

根据生产类型及产品复杂程度的不同，装配工作的组织形式一般有单件生产、成批生产和大量生产三类。

（3）装配生产作业的基本程序

严格按照生产部下达的生产任务单合理安排各项生产任务事宜，装配工必须无条件服从主管的生产安排和生产调动。

1）装配工上岗前应进行培训，熟悉装配作业的技能、技巧，熟悉各零部件良与不良的正确区分。

2）装配工严格按照工艺规程、操作规程的规定进行装配作业。装配时若发现零部件不良，要及时向生产部和质检员反映，否则出现批量质量事故将追究经济责任。

3）各项产品装配过程中所需原材料、人员、工装设备、监控测量装置等，必须妥善安排，以避免停工待料。

4）装配过程中，各工序产量、存量、进度、物料和人力等均应适当控制。

5）各种工装设备及工具应定期检查、保养，确保遵守使用规定。

6）非生产人员未经允许，不得进入生产场地。

7）下班时必须做到切断电源、水源和火源。

◉ 注意事项

在进入车间工作之前，每个人都应该了解以下防火方法：油布要放到适当的金属容器中；确保采取正确的步骤点燃炉火；知道车间内每个灭火器存放的位置；知道周围离你最近的报警器的位置及使用方法；使用焊枪时，要确保火星远离易燃物品。

4. 装配尺寸链

（1）尺寸链概念

在零件加工或机器装配过程中，由相互连接的尺寸所形成的封闭尺寸组称为尺寸链。全部组成尺寸为不同零件设计尺寸所形成的尺寸链称为装配尺寸链。

（2）装配尺寸链的组成

组成装配尺寸链的各个尺寸简称为环，在每个尺寸链中至少有三个环。

1）封闭环。

在装配尺寸链中，当其他尺寸确定后，最后形成（间接获得）的尺寸称为封闭环。一个尺寸链只有一个封闭环，是产品的最终装配精度要求。

2）组成环

尺寸链中除封闭环外的其余尺寸称为组成环，它分为增环和减环两种。在其他组成环不变的条件下，当某一组成环的尺寸增大时，封闭环也随之增大，则该组成环称为增环；在其他组成环不变的条件下，当某一组成环的尺寸增大时，封闭环随之减小，则该组成环称为减环。

（3）装配尺寸链的解法

在长期的装配实践中有许多巧妙的装配工艺方法，常用的有完全互换装配法、选择装配法、修配法和调整法等。

解装配尺寸链是根据装配精度（封闭环公差）对有关装配尺寸链进行分析，并合理分配各组成环公差的过程。它是保证装配精度、降低产品成本、正确选择装配方法的重要依据。

1）完全互换装配法解尺寸链。

装配时每个零件不需要挑选、修配和调整，装配后就能达到规定的装配技术要求，称为完全互换装配法。按完全互换装配法的要求解有关的装配尺寸链，称为完全互换法解尺寸链。

2）分组选择装配法解尺寸链。

将配合副中各零件按照精度制造，然后分组选择"合适"的零件进行装配，以保证规定的装配精度要求，称为分组选择装配法。按分组选择装配法解尺寸链是指将尺寸链中各组成环的公差放大到经济可行的程度，然后分组选择合适的零件进行装配，以保证规定的装配技术要求（封闭环精度）。

3）修配装配法和调整装配法。

修配装配法是在装配时，用手工方法去除某一零件（修配环）上少量的预留修配量，来达到精度要求的装配方法。调整装配法是在装配时，根据装配的实际需要，改变部件中可调整零件（调整环）的相对位置或选用合适的调整件，以达到装配技术要求的装配方法。

5. 装配单元系统图

装配单元系统图是用来表明产品零部件相互装配关系及装配先后顺序的示意图。

机器或机器中的部件装配，必须按一定的顺序进行。正确确定某一部件的装配顺序，要先研究该部件的结构及其在机器中与其他部件的相互关系，以及装配方面的工艺问题，以便将部件划分为若干装配单元。

二、螺纹连接

1. 技术要求

螺纹连接是一种可拆的固定连接，它具有结构简单、连接可靠、拆卸方便等优点。螺纹连接要达到紧固而可靠的目的，必须保证螺纹副具有一定的摩擦力矩，摩擦力矩是由连接时施加拧紧力矩后，螺纹副产生的预紧力而获得的。一般的紧固螺纹连接，在无具体的拧紧力矩要求时，采用一定长度的普通扳手按经验拧紧即可。在一些重要的螺纹连接中，如汽车制造、飞机制造等，常提出螺纹连接应达到的规定预紧力要求，其控制方法如下：

（1）控制转矩法

控制转矩法，即用测力扳手来指示拧紧力矩，使预紧力达到规定值。

（2）控制螺栓伸长法

控制螺栓伸长法，即通过螺栓伸长量来控制预紧力。

（3）控制螺母扭角法

控制螺母扭角法，即通过控制螺母拧紧时应转过的拧紧角度来控制预紧力。

2. 常用工具

为了保证装配质量和装配工作的顺利进行，合理地选择和使用装配工具是很重要的。

（1）旋具

旋具用于拧紧或松开头部带沟槽的螺钉，其工作部分用碳素工具钢制成，并经淬火硬化。

1）标准旋具。

标准旋具主要由手柄、刀体和刀口组成，如图 3-2-3 所示。标准旋具用刀体部分的长度表示其规格，常用的有 100 mm、150 mm、200 mm、300 mm 和 400 mm 等，根据螺钉沟槽的宽度来选用。

图 3-2-3　标准旋具

2）十字旋具。

十字旋具用来拧紧头部带十字槽的螺钉，在较大的拧紧力下，十字旋具不易从槽中滑出，如图 3-2-4 所示。

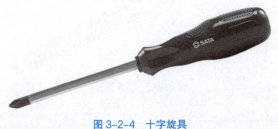

图 3-2-4　十字旋具

3）弯头旋具。

弯头旋具用于螺钉顶部空间受限制的情况，如图 3-2-5 所示。

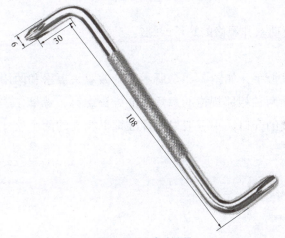

图 3-2-5　弯头旋具

（2）扳手

扳手是一种常用的安装与拆卸工具，是利用杠杆原理拧转螺栓、螺钉、螺母和其他螺纹夹持螺栓或螺母的开口或套孔固件的手工工具。扳手通常在柄部的一端或两端制有夹持螺栓或螺母的开口或套孔，使用时沿螺纹旋转方向在柄部施加外力，就能拧转螺栓或螺母。扳手一般用工具钢、合金钢或可锻铸铁制成，其开口要求光洁且坚硬耐磨。扳手分为通用扳手、专用扳手和特种扳手三类。

1）通用扳手。

通用扳手即活络扳手，如图 3-2-6 所示，它由扳手体、固定钳口、活动钳口及蜗杆组成，钳口的尺寸能在一定范围内调节。

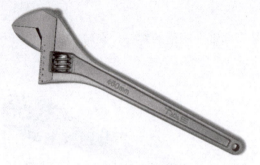

图 3-2-6　活络扳手

使用活络扳手应使其固定钳口受主要作用力，否则容易损坏扳手。钳口的尺寸应适合螺母的尺寸，否则会扳坏螺母或螺钉。不同规格的螺母或螺钉应选用相应规格的活络扳手，扳手手柄不可任意接长，以免拧紧力矩太大而损坏扳手或螺钉。活络扳手的工作效率不高，活动钳口容易歪斜，往往会损伤螺母或螺钉的头部表面。

2）专用扳手。

专用扳手只能扳动一种规格的螺母或螺钉。

①开口扳手。

开口扳手也称呆扳手，如图 3-2-7 所示，分为双头扳手和两用扳手两种。一个开口扳手最多只能拧动两种相邻规格的六角头或方头螺钉、螺母，故使用范围比活络扳手小。双头扳手两端的开口大小一般根据标准螺母相邻的两个尺寸来确定，其通常根据标准尺寸做成一套。

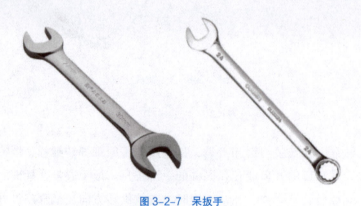

图 3-2-7　呆扳手

②整体扳手。

整体扳手分为方形扳手、六角扳手、十二角（梅花）扳手等，其中以梅花扳手应用最广泛，如图 3-2-8 所示，它只要转过 30° 即可改换扳动方向，因此在狭窄的地方工作比较方便。

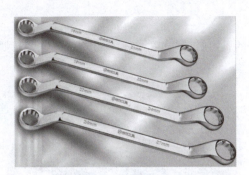

图 3-2-8　梅花扳手

③成套套筒扳手。

成套套筒扳手由一套尺寸不等的梅花套筒组成，并配有弓形手柄、棘轮手柄、万向活动手柄等，使用时，弓形手柄可连续转动，工作效率较高，如图 3-2-9 所示。

图 3-2-9　成套套筒扳手

④锁紧扳手。

锁紧扳手有多种形式，如用来装拆圆螺母的圆螺母扳手（见图 3-2-10），其适用于不同的螺母。

图 3-2-10　圆螺母扳手

⑤内六角扳手。

内六角扳手是成套的，可拧紧 M3 ~ M24 的内六角螺钉，如图 3-2-11 所示。

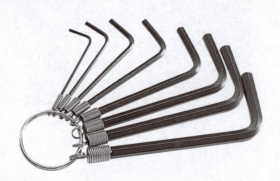

图 3-2-11　内六角扳手

3）特种扳手。

特种扳手是根据某些特殊要求制造而成的。

①棘轮扳手。

棘轮扳手适用于狭窄的地方，如图 3-2-12 所示。工作时正转手柄，棘爪就在弹簧的作用下进入内六角套筒的缺口（棘轮）内，套筒便跟着转动；当反向转动手柄时，棘爪就从套筒缺口的斜面上滑过去，因而螺母（或螺钉）不会跟着反转。松开螺母时，将扳手翻转 180° 使用即可。

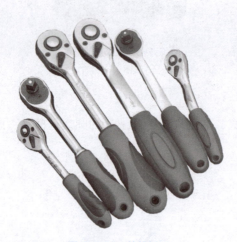

图 3-2-12　棘轮扳手

②测力扳手。

测力扳手主要用于需要严格控制螺纹连接时能达到的拧紧力矩的场合，以保证连接的可靠性及螺钉的强度，如图 3-2-13 所示。

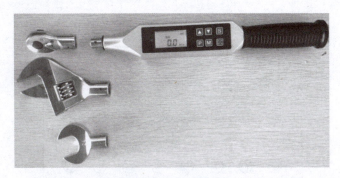

图 3-2-13　测力扳手

3. 装配工艺

（1）双头螺柱的装配

1）技术要求。

①应保证双头螺柱与机体螺孔的配合有足够的紧固性，保证在装拆螺母过程中无任何松动现象，方法如下：利用双头螺柱紧固端与机体螺孔配合的足够过盈量来保证；采用台肩形式将双头螺柱紧固在机体上；把双头螺柱紧固端的最后几圈螺纹做得浅些，以达到紧固的目的。

②双头螺柱的轴线必须与机体表面垂直。

③将双头螺柱紧固端装入机体时必须用油润滑，以防发生咬住现象。

2）拧紧方法。

①用两个螺母拧紧。将两个螺母相互锁紧在双头螺柱上，然后扳动上螺母，将双头螺柱紧固端拧入机体螺孔中。

②用长螺母拧紧。将长螺母拧入双头螺柱，再将长螺母上的止动螺钉旋紧，顶住双头螺柱顶端，这样就阻止了长螺母与双头螺柱间的相对转动，此时拧动长螺母，便可将双头螺柱旋入机体。

③用专用工具拧紧。当顺向拧动工具体时，在隔圈中的三个滚柱牢牢地压在工具体内壁与双头螺柱的光柱上，旋紧力越大，压得越紧，这样可使双头螺柱紧固端旋入机体螺孔中。

（2）装配要点

1）成组螺钉或螺母拧紧时，应根据连接件的形状及紧固件的分布情况，按一定顺序逐次（一般为 2～3 次）拧紧，即按图 3-2-14 所示的编号顺序逐次拧紧。

2）做好被连接件和连接件的清洁工作，螺钉拧入时，螺纹部分应涂上润滑油。

3）装配时要按一定的拧紧力矩拧紧，用大扳手拧小螺钉时注意用力不要过大。

4）螺杆不应产生弯曲变形，螺钉头部、螺母底面应与连接件接触良好。

5）被连接件应均匀受压，互相紧密贴合，连接牢固。

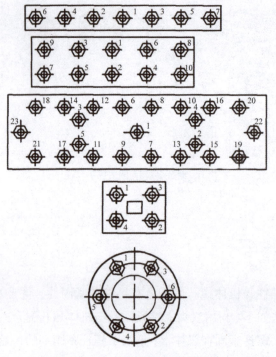

图 3-2-14　拧紧成组螺母时的顺序

6）连接件在工作中有振动或冲击时，为防止螺钉或螺母松动，必须有可靠的防松装置。

①加大摩擦力防松。

a. 锁紧螺母（双螺母）防松，如图 3-2-15 所示。双螺母防松常用于低速重载或者比较平稳的场合。

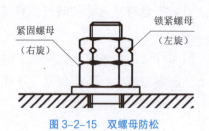

图 3-2-15　双螺母防松

b. 弹簧垫圈防松。弹簧垫圈在一般机械产品的承力和非承力结构中应用广泛，其特点是成本低廉、安装方便，适用于装拆频繁的部位，如图 3-2-16 所示。弹簧垫圈的防松原理是把弹簧垫圈压平后，弹簧垫圈会产生一个持续的弹力，使螺母与螺栓的螺纹连接副持续保持一个摩擦力，产生阻力矩，防止螺母松动。在有振动及脉冲、介质的温度有比较大的波动时，一定要使用弹簧垫圈。

图 3-2-16　弹簧垫圈防松

②机械方法防松。

a. 开口销与带槽螺母防松，如图 3-2-17 所示。开口销和槽形螺母各有其适用的场景，例如，在安装汽车轮胎时，一般采用的是开口销；在机械设备的传动件、联轴器和轴承中，常常使用的是槽形螺母。此外，在电力设备、化工设备等高温高压的工作环境下，槽形螺母更为常见。

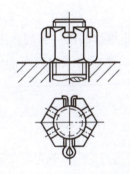

图 3-2-17　开口销与带槽螺母防松

b. 止动垫圈防松。止动垫圈就是与螺母配合使用、防止螺母松动的垫圈。螺母拧紧后，将单耳或双耳止动垫圈分别向螺母和被连接件的侧面折弯贴紧，即实现防松，如图 3-2-18 所示。

如果两个螺栓需要双联锁紧，则可采用双联止动垫片。

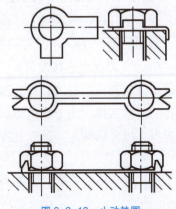

图 3-2-18　止动垫圈

c. 串联钢丝防松。串联钢丝防松是将钢丝穿入螺栓头部的孔内，将各螺栓串联起来，起到相互牵制的作用，注意钢丝串联的方法，如图 3-2-19 所示。这种防松方式非常可靠，但拆卸比较麻烦。

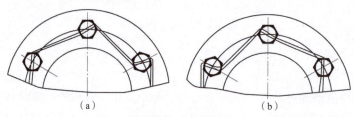

图 3-2-19　串联钢丝

（a）正确；（b）不正确

d. 螺栓锁固胶防松。螺纹锁固胶是由（甲基）丙烯酸酯、引发剂、助促进剂、稳定剂（阻聚剂）、染料和填料等按一定比例配合在一起所组成的胶黏剂。目前，在一些先进企业已广泛采用这一方法防止螺纹回松。合理选用螺栓锁固胶，既能防松、防漏、防腐蚀，又便于拆卸，使用时，只要擦去螺纹表面油污，涂上锁固胶将其拧入螺孔后拧紧便可。

三、销连接

销是标准件，可用来作为定位零件，用以确定零件间的相互位置；也可起连接作用，以传递横向力或转矩；或作为安全装置中的过载切断零件。销可以分为圆柱销、圆锥销和异形销等。销的结构简单，连接可靠，装拆方便，在各种机械中应用很广。销的材料一般采用 Q235、35 钢和 45 钢，销孔一般均需铰制。

1. 圆柱销

圆柱销主要用于定位，也可用于连接。圆柱销用于定位，通常不受载荷或只受很小的载荷，且数量不少于两个，分布在被连接件整体结构的对称方向上，相距越远越好。圆柱销在每一被连接件内的长度通常为小直径的 1 ~ 2 倍。

1）圆柱销一般靠过盈配合固定在孔中，用以固定零件、传递动力或作为定位元件。在两被连接件相对位置调整、紧固的情况下，才能对两被连接件同时进行钻、铰孔，孔壁的表面粗糙度 Ra 值小于 1.6 μm，以保证连接质量。

2）所采用的圆柱铰刀必须保证在圆柱销打入时有足够的过盈量。

3）圆柱销打入前应做好孔的清洁工作，销上涂机油后方可打入。

4）圆柱销装入后尽量不要拆，以免影响连接精度及连接的可靠性。

2. 圆锥销

圆锥销在机械设备上，常用来作定位销，与有锥度的铰制孔相配合，受横向力时可以自锁，安装方便，定位精度高。圆锥销也可用于固定零件，或传递动力。其多用于经常拆装的场合，定位精度比圆柱销高。

1）在两被连接件相对位置调整、紧固的情况下，才能对两被连接件同时钻、铰孔，钻头直径为圆锥销的小端直径，铰刀锥度为 1:50，注意孔壁的表面粗糙度要求。

2）铰刀铰入深度以圆锥销自由插入后大端部露出工件表面 2 ~ 3 mm 为宜。应做好锥孔清洁工作，圆锥销涂上机油插入孔内后，再用锤子打入，销的大端露出部分以不超过倒角为宜，有时要求与被连接件一样平。

3）一般被连接件定位用的定位销均为两支，注意两支销的装入深度要基本一致。

4）圆锥销在拆卸时，一般从一端向外敲击即可，有螺尾的圆锥销可用螺母旋出，拆卸带内螺纹的圆锥销时可采用拔销器拔出。

四、塑料模具零部件装配

塑料模具零部件装配的关键是保证塑件的壁厚均匀，塑料模具的运动零部件动作灵活、准确、稳定、可靠。

1. 型芯的装配

由于塑料模具结构形式的不同，型芯在固定板上的固定方式及装配方法也不同。型芯在压入过程中要注意保证型芯的垂直度、不切坏孔壁和不使固定板产生变形。在型芯和型腔的配合中，要求经修配合格后，在平面磨床上磨平端面（用等高垫铁支承）。

为保证装配质量，应注意以下几点：

1）检查型芯高度及固定板厚度，型芯台肩平面应与型芯轴线垂直。

2）固定板通孔与沉孔平面的交角一般为 90 度，而型芯上与之相应的配合部位往往呈圆角（由磨削时砂轮损耗形成），装配前应将固定板的上述部位修出圆角，使之不对装配产生不良影响。

大型芯装配可按下列顺序进行：

1）在加工好的型芯上压入实心的定位销套。

2）根据型芯在固定板上的位置要求，将定位块用平行夹头夹紧在固定板上。

3）在型芯螺孔口部位抹上红丹粉，把型芯和固定板合拢，将螺钉孔的位置复印到固定板上；取下型芯，在固定板上钻螺钉过孔及沉孔；用螺钉将型芯初步固定。

4）通过导柱、导套将卸料板、型芯和支承板装合在一起，将型心调整到正确位置后拧紧固定螺钉。

5）在固定板的背面划出销孔位置线，钻、铰销孔，打入销钉。

2. 型腔的装配

除了简易的压塑模以外，一般塑料模具压塑模的型腔多采用镶拼或拼块结构。

1）型腔和动、定模板镶合后，其分型面要求紧密贴合，因此，对于压入式配合的型腔，其压入端一般不允许有斜度，而将压入时的导入部位设在模板上，可在型芯固定孔的入口处加工出 1° 的导入斜度，其高度不超过 5 mm。

2）对于有方向要求的型腔，为了保证型腔的位置要求，在型腔压入模板一小部分后应采用百分表检测型腔的直线部位，如果出现位置误差，则可用管钳等工具将其旋转到正确位置后再压入模板。

3）为了方便装配，可以考虑使型腔与模板间保持 0.01 ~ 0.02 mm 的配合间隙，在型腔装入模板后将位置找正，再用定位销定位。

4）如果热处理后硬度不高（如调质处理至刀具能加工的硬度），也可在装配后采用其他切削方法加工。拼块两端均应留余量，待装配完毕后再将两端面和模板一起磨平。

5）为了不使拼块式型腔在压入模板的过程中，各拼块在压入方向上产生错位，应在拼块的压入端放一块平垫板，通过平垫板推动各拼块一起移动。

6）塑料模具装配后，有时要求垫芯和型腔表面或动、定模上的型芯在合模状态下紧密接触，在装配中可采用修配装配法来达到要求，它是模具制造中广泛采用的一种经济、有效的装配方式。

3. 浇口套的装配

浇口套与定模板的配合一般采用 H7/m6。

1）浇口套压入模板后，其台肩应与沉孔底面贴紧。装配好的浇口套，其压入端与配合孔间应无缝隙。因此，浇口套的压入端不允许有导入斜度，应将导入斜度开在模板上浇口套配合孔的入口处。

2）为了防止压入时浇口套将配合孔壁切坏，常将浇口套的压入端倒成小圆角。在浇口套加工时应留有去除圆角的修磨余量 Z，压入后使圆角凸出在模板之外。

3）在平面磨床上修磨浇口套。

4）把修磨后的浇口套稍微退出，将固定板磨去 0.02 mm，重新压入。台肩相对定模板的高出量 0.02 mm 也可通过修磨来保证。

4. 导柱和导套的装配

导柱与导套分别安装在塑料模具的动模和定模部分，是模具合模和启模的导向装置。

1）导柱和导套采用压入方式装入模板的导柱孔和导套孔内。对于不同结构的导柱，所采用的装配方法不同。短导柱可以直接压入；长导柱应在定模板上的导套装配完成之后，以导套导向将导柱压入动模板内。

2）导柱和导套装配后，应保证动模板在启模和合模时都能灵活滑动，无卡滞现象。因此，加工时除保证导柱、导套和模板等零件间的配合要求外，还应保证动、定模板上导柱和导套安装孔的中心距一致（其误差不大于 0.01 mm）。

3）压入模板后，导柱和导套孔应与模板的安装基准面垂直。如果装配后开模和合模不灵活，有卡滞现象，则可将红丹粉涂于导柱表面，往复拉动动模板，观察卡滞部位，分析原因，然后将导柱退出，重新装配。

4）在两根导柱装配合格后再装配第三、第四根导柱，每装入一根导柱均应重复上述观察，最先装配的应是距离最远的两根导柱。

五、塑料模具的总装

塑料模具种类较多，即使同一类模具，由于成型塑料种类不同，形状和精度要求不同，其装配方法也不尽相同。因此，在组装前应仔细研究、分析总装图和零件图，了解各个零件的作用、特点及技术要求，确定装配基准，最后通过装配达到所生产产品的各项质量要求。

1. 装配基准

1）以主要工作零件如型芯、型腔和镶块等作为装配基准件，模具的其他零件都由装配基准件进行配制和装配。

2）以导柱、导套或模具的模板侧面为装配基准面进行修配和装配。

2. 装配精度

1）各零部件相互之间的精度，如几何精度、尺寸精度、同轴度、平行度、垂直度等。

2）相对运动精度，如传动精度、直线运动精度和回转运动精度等。

3）配合精度和接触精度，如配合间隙、过盈量接触状况等。

4）塑料件的壁厚大小。新制模具时，塑料件的壁厚应偏于下极限尺寸。

3. 修配原则

1）修配脱模斜度，原则上型腔应保证大端尺寸在制件尺寸公差范围内。

2）带圆角处的半径，型腔应偏小，型芯应偏大。

3）若模具既有水平分型面，又有垂直分型面，则修整时应使垂直分型面接触水平分型面处稍留有间隙。小型模具只需涂上红丹粉后相互接触即可，大型模具间隙约为0.02 mm。

4）对于用斜面合模的模具，斜面密合后，分型面处应留有 0.02 ~ 0.03 mm 的间隙。

5）修配表面的圆弧与直线连接要平滑，表面不允许有凹痕，锉削纹路应与开模方向一致。

【任务实施】

一、工具材料领用及准备

工具材料及工作准备见表3-2-1。

表 3-2-1　工具材料及工作准备

1. 工具 / 设备 / 材料				
类别	名称	规格型号	单位	数量
设备	钳工操作台	—	台	10
	台虎钳	—	台	10
工具	千分尺	—	把	10
	直角尺	—	把	10
	游标卡尺	150 mm	把	10
	直尺	200 mm	把	10
	手锤	—	把	10
	内六角扳手	—	套	10
	旋具	—	套	10
	等高块	—	块	10
	铜棒	—	根	10
耗材	塑料模具	—	套	10

2. 工作准备
（1）技术资料：教材、各种装配工具使用说明书、工作任务卡
（2）工作场地：有良好的照明、通风和消防设施等
（3）工具、设备、材料：按"工具 / 设备 / 材料"栏目准备相关工具、设备和材料
（4）建议分组实施教学。每 4 ~ 6 人为一组，需要 10 套塑料模具，通过分组讨论完成塑料模具装配工作计划，并实施操作
（5）劳动保护：规范着装，穿戴劳保用品、工作服

二、工艺分析

1. 任务分析

如图 3-2-1 所示，通过对塑料模具进行装配，全面认识塑料模具典型结构及零部件的装配，为模具设计与制造奠定良好的基础。同时，了解塑料模具零件相互之间的装配形式及配合关系，以及塑料模具各种零件在模具中的作用，全面掌握模具的装配过程、方法和各种工具的使用，进而掌握模具装配的操作技能，培养分析问题和解决问题的能力。

2. 装配步骤

1）确定装配基准。

2）装配前对零件进行检测，合格零件必须去磁并擦拭干净。

3）调整各零件组合后的累积尺寸误差，如对各模板的平行度进行校验、修磨，以保证模板组装密合；分型面处的吻合面积不得小于 80%，间隙不得超过最小溢料量，以防止产生飞边。

4）装配中尽量保持原加工尺寸的基准面，以便总装合模调整时检查。

5）组装导向机构，保证开模、合模动作灵活，无松动和卡滞现象。

6）组装、调整推出机构，并调整好复位及推出位置等。

7）组装、调整型芯、镶件，保证配合面间隙达到要求。

8）组装冷却或加热系统，保证管路畅通，不漏水、漏电，阀门动作灵活。

9）组装液压或气动系统，保证运行正常。

10）紧固所有连接螺钉，装配定位销。

11）试模，合格后打上模具标记，如编号、合格标记及组装基准面。

12）检查各种配件、附件及起重吊环等零件，保证模具装备齐全。

3. 制订塑料模具的工作计划

在执行计划的过程中填写执行情况表，如表 3-2-2 所示。

表 3-2-2　工作计划执行情况表

序号	操作步骤	工作内容	执行情况记录
1	检查塑料模具	检查塑料模具的零部件是否齐全	
2	入子装配	正确放置定模板，并正确安装入子	
3	浇口套装配	正确安装定模座板，然后正确安装浇口套	
4	定位销装配	正确在定模座板与定模板中安装定位销	
5	安装连接螺钉	正确安装连接螺钉	
6	定位圈装配	正确安装定位圈	
7	安装连接螺钉	正确安装连接螺钉	
8	水嘴装配	正确安装水嘴	
9	导柱装配	正确在动模板安装导柱	
10	对方孔进行粗锉加工	对錾削后的方孔进行正确的粗锉加工	
11	支撑板放置	正确放置支撑板	
12	销钉装配	正确在动模板和支撑板上安装销钉	
13	型芯固定	正确安装型芯固定螺钉	
14	顶杆固定板安装	正确安装顶杆固定板	
15	拉料杆安装	正确安装拉料杆	

续表

序号	操作步骤	工作内容	执行情况记录
16	复位杆安装	正确安装复位杆	
17	顶杆垫板安装	正确安装顶杆垫板	
18	安装连接螺钉	正确安装顶杆固定板与垫板的连接螺钉	
19	垫块安装	正确安装垫块	
20	安装连接螺钉	正确安装垫块和动模座板连接螺钉	
21	推板装配	正确安装推板	
22	水嘴装配	正确安装水嘴	
23	装配	正确安装定模与动模	

【实训报告】

一、实训任务书

课程名称	钳工综合实训		项目 3	钳工综合技能
任务 1	塑料模具装配		建议学时	4
班级		学生姓名	工作日期	
实训目标	1. 掌握装配常用工具的基本知识； 2. 掌握装配的安全文明生产操作规程； 3. 掌握装配的基本知识； 4. 掌握装配的基本操作技能			
实训内容	1. 制定塑料模具装配工艺过程卡； 2. 正确完成塑料模具装配操作			
安全与文明要求	1. 严格执行"7S"管理规范要求； 2. 严格遵守实训场所（工业中心）管理制度； 3. 严格遵守学生守则； 4. 严格遵守实训纪律要求； 5. 严格遵守钳工操作规程			
提交成果	完成塑料模具装配、实训报告			
对学生的要求	1. 具备装配及其常用工具的基本知识； 2. 具备装配的基本操作能力； 3. 具备一定的实践动手能力、自学能力、分析能力，一定的沟通协调能力、语言表达能力和团队意识； 4. 执行安全、文明生产规范，严格遵守实训场所的制度和劳动纪律； 5. 着装规范（工装），不携带与生产无关的物品进入实训场所； 6. 完成塑料模具装配和实训报告			

续表

课程名称	钳工综合实训		项目3	钳工综合技能
任务1	塑料模具装配		建议学时	4
班级		学生姓名	工作日期	
考核评价	评价内容：工作计划评价、实施过程评价、完成质量评价、文明生产评价等。 　　评价方式：由学生自评（自述、评价，占10%）、小组评价（分组讨论、评价，占20%）、教师评价（根据学生学习态度、工作报告及现场抽查知识或技能进行评价，占70%）构成该同学该任务成绩			

二、实训准备工作

课程名称	钳工综合实训		项目3	钳工综合技能
任务2	塑料模具装配		建议学时	4
班级		学生姓名	工作日期	
场地准备描述				
设备准备描述				
工、量具准备描述				
知识准备描述				

三、工艺过程卡

产品名称		零件名称		零件图号		共　页
材料		毛坯类型				第　页
工序号		工序内容		设备名称		
			工具	夹具	量具	

续表

产品名称		零件名称		零件图号		共 页	
材料		毛坯类型				第 页	
工序号		工序内容		设备名称			
				工具	夹具	量具	
抄写		校对		审核		批准	

四、考核评价表

考核项目	技术要求	分值	小组自评（10%）	小组互评（20%）	教师评价（70%）	实得分（Σ）
工艺过程（5%）	装配步骤正确	5				
工具使用（15%）	工具准备充分	5				
	工具使用正确	10				
完成质量（60%）	动模组件装配正确	25				
	定模组件装配正确	15				
	零件安放正确	10				
	绘制总装草图	10				
文明生产（10%）	安全操作	5				
	工作场所整理	5				
相关知识及职业能力（10%）	装配基本知识	2				
	自学能力	2				
	表达沟通能力	2				
	合作能力	2				
	创新能力	2				
总分（Σ）		100				

【项目总结】

　　本项目主要介绍了钳工综合加工技能的基本知识，分别介绍了锉配和装配的原理及其加工的目的、使用的基本工具及其使用的操作要领。通过本项目任务的操作，完成了四方体锉配和塑料模具装配两类钳工的综合加工，主要目的是合理选择和综合运用钳工加工的基本技能，并检验钳工加工基本技能的掌握程度，为进行复杂零部件的钳工加工打下良好的基础。

参考文献

［1］ 劳动和社会保障部教材办公室 . 机修钳工（高级）［M］. 北京：中国劳动社会保障出版社，2008.

［2］ 万文龙 . 钳工实训［M］. 北京：北京邮电大学出版社，2013.

［3］ 钟翔山 . 图解钳工入门与提高［M］. 北京：化学工业出版社，2015.

［4］ 付师星 . 钳工技术（第三版）［M］. 大连：大连理工大学出版社，2018.

［5］ 张国军 . 装配钳工考级项目训练教程［M］. 北京：高等教育出版社，2019.

［6］ 葛志宏，唐启金，孔永祥 . 钳工工艺与技能［M］. 成都：西南交通大学出版社，2019.

［7］ 陈刚，刘新灵 . 钳工实用技术［M］. 北京：化学工业出版社，2020.

［8］ 杨国勇 . 钳工技能实训［M］. 北京：机械工业出版社，2021.

［9］ 高永伟 . 钳工实训一体化教程［M］. 北京：机械工业出版社，2021.

［10］ 王甫，董斌 . 钳工实训教程［M］. 北京：机械工业出版社，2021.

［11］ 邱言龙，王兵，雷振国 . 钳工自学·考证·上岗一本通［M］. 北京：化学工业出版社，2021.

［12］ 沈琪，周超 . 钳工操作图解与技能训练［M］. 北京：机械工业出版社，2022.